# HOW NOT TO KILL YOUR HOUSEPLANT

DK | Penguin Random House

**실내식물 죽이지 않고 잘 키우는 방법**

지은이 | 베로니카 피어리스
옮긴이 | 신혜규
감수자 | 서정남

초판 1쇄 | 2021년 3월 15일
초판 3쇄 | 2022년 4월 20일

펴낸이 | 이진희
펴낸 곳 | (주)리스컴

주소 | 서울시 강남구 밤고개로1길 10,
수서현대벤처빌 1427호

전화번호 | 대표번호 02-544-5194
영업부 02-540-5193
편집부 02-544-5922, 5933, 5944
FAX | 02-540-5194

등록번호 | 제2-3348



ISBN 979-11-5616-211-7 13520
책값은 뒤표지에 있습니다.

에디터 | 토비 만
수석 미술 에디터 | 앨리슨 가드너
디자이너 | 레한 압둘, 캐런 콘스탄티
편집 지원 | 앨리스 혼, 티아 사카르
표지 디자이너 | 스티븐 마스든
표지 코디네이터 | 로라 비텔
사전 제작 | 로버트 던
인쇄 감독 | 체 크리시
기술지원 | 소니아 샤르보니에
편집장 | 돈 헨더슨
미술팀장 | 마리앤 마컴
아트 디렉터 | 맥신 페들리햄
출판 디렉터 | 메리 클레어 제람

일러스트 | 데비 마이젤스
사진 | 윌 힙

HOW NOT TO KILL YOUR HOUSE PLANT

First published in Great Britain in 2017 by
Dorling Kindersley Limited,

One Embassy Gardens, 8 Viaduct Gardens,
London, SW11 7BW



Printed and bound in China

**For the curious**
www.dk.com

HOW NOT TO KILL YOUR HOUSEPLANT

# 실내식물 죽이지 않고 잘 키우는 방법

119가지
실내식물
가이드

# CONTENTS



## 우리 집 식물을 찾아보세요

에크메아
Aechmea fasciata
p.34 – 35

아디안툼
Adiantum raddianum
p.32 – 33

브리세아
Vriesea splendens
p.35

프테리스
Pteris cretica
p.33

구즈마니아
Guzmania lingulata
p.35

후마타
Davillia canariensis
p.33

알로카시아
Alocasia x amazonica
p.36 – 37

알로에 베라
Aloe vera
p.38 - 39

용설란
Agave
p.39

하워르티아
Haworthia
p.39

안스리움
Anthurium
p.40 - 41

아스파라거스
Asparagus densiflorus
Sprengeri Group
p.42 - 43

덩굴 아스파라거스
Asparagus setaceus
p.43

옥살리스(사랑초)
Oxalis triangularis
p.43

관엽 베고니아
Begonia rex
p.44 - 45

엘라티오르 베고니아
Begonia Eliator Group
p.45

구근 베고니아
Begonia spp.
p.45

빌베르기아
Billbergia nutans
p.48 - 49

틸란드시아
Tillandsia cyanea
p.49

네오레겔리아
Neoregelia carolinae
f. tricolor
p.49

칼라데아
Calathea
p.50 - 51

마란타
Maranta
p.51

스트로만테
Stromanthe
p.51

continued

무늬 접란
Chlorophytum comosum
p.52 - 53

미니어처 장미
Rosa
p.55

녹영
Senecio rowleyanus
p.59

디펜바키아
Dieffenbachia
p.62 - 63

스킨답서스
Epipremnum
p.53

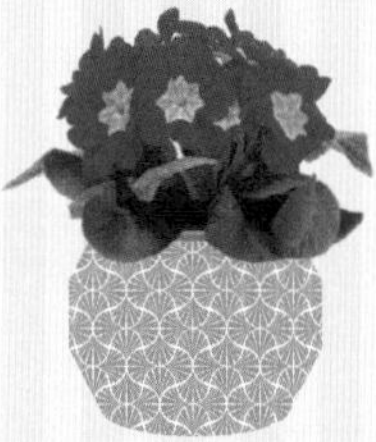

프리뮬라(앵초)
Primula vulgaris
p.55

러브체인
Ceropegia woodii
p.59

하트리프 필로덴드론
Philodendron scandens
p.63

싱고니움
Syngonium podophyllum
p.53

군자란
Clivia miniata
p.56 - 57

시클라멘
Cyclamen persicum
p.60 - 61

블러싱 필로덴드론
Philodendron erubescens
p.63

국화
Chrysanthemum
p.54 - 55

크라술라
Crassula ovata
p.58 - 59

아잘레아
Rhododendron simsii
p.61

파리지옥
Dionaea muscipula
p.64 - 65

피처 플랜트
Sarracenia
p.65

네펜데스
Nepenthes
p.65

행운목(드라세나)
Dracaena fragrans
p.68 - 69

드래곤 트리
Dracaena marginata
p.69

송오브인디아
Dracaena reflexa
p.69

개운죽
Dracaena sanderiana
p.70 - 71

에케베리아
Echeveria
p.72 - 73

애오니움
Aeonium
p.73

파우카리아
Faucaria
p.73

포인세티아
Euphorbia pulcherrima
p.74 - 75

떡갈잎고무나무
Ficus lyrata
p.76 - 77

벤자민 고무나무
Ficus benjamina
p.77

고무나무
Ficus elastica
p.77

피토니아
Fittonia
p.78 - 79

기누라
Gynura aurantiaca
p.79

히포에스테스
Hypoestes
p.79

continued

아이비
Hedera helix
p.80 - 81

켄차 야자
Howea fosteriana
p.84 - 85

호야 벨라
Hoya bella
p.89

몬스테라
Monstera deliciosa
p.94-95

무늬 식나무
Aucuba japonica
p.81

테이블 야자
Chamaedorea elegans
p.85

칼랑코에
Kalanchoe blossfeldiana
p.90 - 91

필로덴드론 비핀나티피둠
Philodendron
bipinnatifidum
p.95

팔손이
Fatsia japonica
p.81

아레카 야자
Dypsis lutescens
p.85

칼란디바
Kalanchoe
Calandiva® Series
p.91

몬스테라 오블리쿠아
Monstera obliqua
p.95

아마릴리스
Hippeastrum
p.82 - 83

호야
Hoya carnosa
p.88 - 89

미모사
Mimosa pudica
p.92 - 93

보스턴 고사리
Nephrolepis exaltata
'Bostoniensis'
p.96 - 97

아스플레니움
Asplenium nidus
p.97

레부티아
Rebutia
p.99

호접란
Phalaenopsis
p.102-103

필레아 페페
Pilea peperomioides
p.108-109

실버 레이디
Blechnum gibbum
p.97

페페로미아 메탈리카
Peperomia metallica
p.100-101

피닉스 야자
Phoenix roebelenii
p.104-105

필레아 글라우카
Pilea involucrata
'Moon Valley'
p.109

오푼티아
Opuntia
p.98-99

크리핑 페페로미아
Peperomia rotundifolia
p.101

관음죽
Rhapsis excelsa
p.105

수박 필레아
Pilea cadierei
p.109

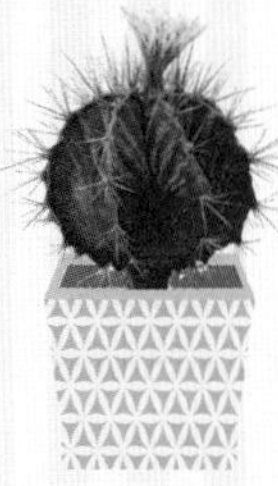
반야 선인장
Astrophytum ornatum
p.99

청 페페
Peperomia obtusifolia
p.101

부채 야자
Chamaerops humilis
p.105

박쥐란(플라티케리움)
Platycerium bifurcatum
p.110-111

continued

플라티케리움 그란데
Platycerium grande
p.111

트리고나
Euphorbia trigona
p.115

크로톤
Codiaeum variegatum
p.119

립살리스
Rhipsalis baccifera
p.121

아프리칸 바이올렛
Saintpaulia
p.112 – 113

바위취
Saxifraga stolonifera
p.116 – 117

아펠란드라
Aphelandra squarrosa
p.119

솔레이롤리아
Soleirolia soleirolii
p.122 – 123

산세비에리아
Sansevieria trifasciata
p.114 – 115

스웨디시 아이비
Plectranthus
p.117

크리스마스 선인장
Schlumbergera buckleyi
p.120 – 121

톨미아
Tolmiea menziesii
p.123

스투키
Sansevieria cylindrica
p.115

홍콩야자
Schefflera arboricola
p.118 – 119

부활절 선인장
Schlumbergera gaetneri
p.121

네테라
Nertera granadensis
p.123

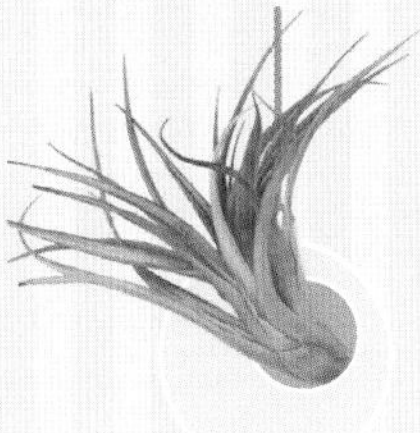

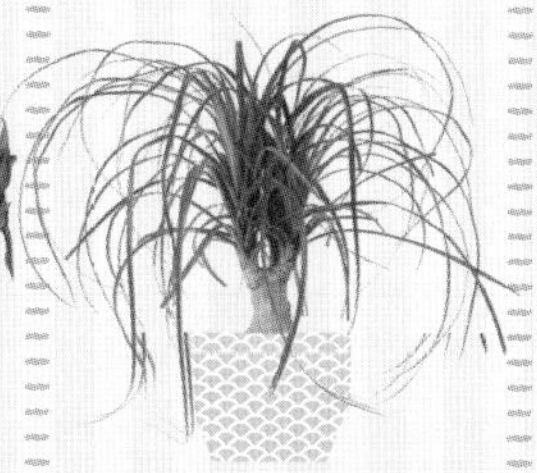

# THE BASICS

## 식물 기르기 기초

실내식물이
생존하는 데
필요한 것들

# 14 구입할 때 체크할 것들

가능하면 화훼센터나 꽃 전문시장에서 구입한다. 실내식물을
구입할 때 고려해야 할 몇 가지 사항을 알아본다.

디펜바키아
(p.62 – 63)

### 모양

모양을 확인한다. 잎이 무성한 게 좋고,
가늘고 약해 보이는 것은 피한다.

### 흙

흙이 촉촉한지 테스트해본다. 물기가 많거나
너무 건조한 것은 물 공급이 적절치 않았다는
증거다.

### 뿌리

뿌리가 흙 위나 화분 바닥 아래로 드러나 보인다면
뿌리가 화분에 가득차 있다는 것이다. 이러면 식물
이 자라기 힘들다.

## 꽃 보는 식물 고르기

꽃 보는 식물을 선택할 때 꽃뿐 아니라 꽃봉오리도 확인한다. 꽃봉오리가 많으면 계속해서 꽃이 피는 것을 볼 수 있다. 너무 어린 꽃봉오리는 집에 가져가도 꽃피우지 못할 수 있으니 피하도록 한다.

국화 (p.54 – 55)

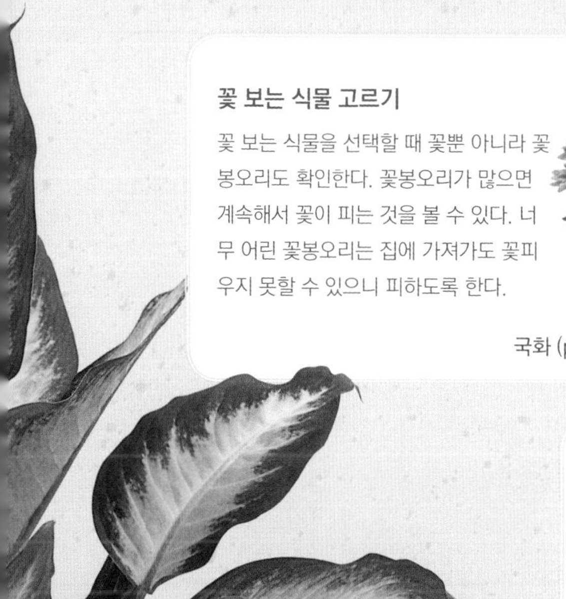

## 포장

봄, 여름이 실내식물을 들이기에 가장 좋은 시기다. 날씨가 따뜻해 식물이 환경 변화로 인한 충격을 덜 받기 때문이다. 추운 겨울에 식물을 구입하는 경우 갑작스런 온도 변화로 잎이나 꽃봉오리가 떨어질 수 있고, 잘못하면 죽는 경우도 있으므로 집에 가져갈 때 반드시 포장을 해서 보온을 유지한다. 포인세티아는 특히 추위에 취약하니 주의할 것.

## 잎 상태

잎이 신선하고 색이 선명하며 갈색이나 누런 색으로 변한 곳은 없는지 확인한다.

포인세티아 (p.74 – 75)

## 해충과 질병

해충이나 질병의 징후가 없는지 잎의 뒷면을 확인한다. (해충 p.24 – 27, 질병 p.28 – 29 참조)

# 16 화분에 담아 배치하기

실내식물을 집에 가져오면 화분에 배수구가 있는지 확인하고, 화분을 두기에 적절한 위치를 찾아 배치한다. 이 두 가지가 생육에 가장 중요한 조건이다.

## 화분에 담을 때는…

대부분의 식물들은 배수구가 뚫린 플라스틱 화분에 담긴 채 판매된다. 이것을 집에 가져와서 장식용 화분에 옮겨심는다. 간혹 배수구가 없이 바닥이 막힌 장식용 화분에 판매하는 식물도 있다. 이런 화분은 바닥에 물이 고이고 뿌리가 썩는지 알기 어렵다. 이럴 때는 식물을 배수구가 뚫린 플라스틱 화분에 먼저 담고 다시 넉넉한 크기의 장식용 화분에 넣는다. 이렇게 하면 식물 뿌리가 닿는 곳에 물이 고이지 않는다.

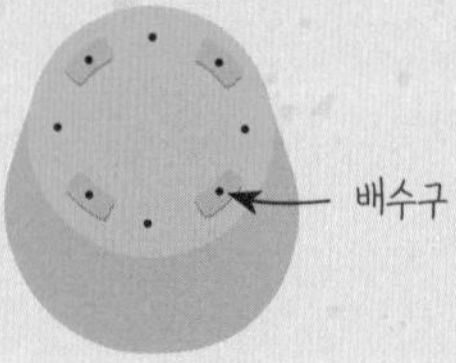


바닥에 배수구가 있는지 확인한다.

**플라스틱 화분에 다시 담기** 바닥에 배수구가 없는 장식용 화분이라면, 먼저 배수구가 있는 플라스틱 화분에 식물을 담고 이것을 다시 장식용 화분에 넣는다.

## 어디에 둘까…

온도와 빛, 습도를 고려해 식물을 둘 위치를 정한다. 먼저 어떤 자연환경에서 자라는 식물인지 알아본다. 열대우림의 밑에서 자생하는 식물을 햇볕이 내리쬐는 창가에 두는 것은 좋지 않다. 인테리어에 어울리는 곳이 아니라 식물이 자라기에 좋은 위치를 선택한다.

### 온도

대부분의 실내식물은 사람처럼 낮에는 따뜻하고 밤에는 시원한 것을 좋아한다. 아이비와 시클라멘 같은 몇몇 식물은 낮은 온도를 좋아한다. 실내식물은 온도 변화를 싫어하므로 다음의 장소를 피한다.

→ 난방기 근처
→ 에어컨 근처
→ 외풍이 있는 곳
→ 창가, 특히 밤에 커튼 뒤

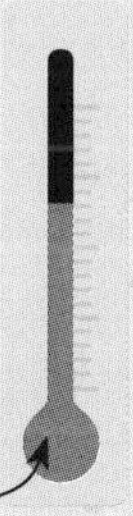

온도계로 실내 온도를 측정해본다

### 빛

빛은 실내식물의 에너지원이며 어떤 식물은 특히 더 많은 빛이 필요하다. 대부분의 실내식물은 직사광선이 아닌 간접 광이나 여과된 빛이 들어오는 곳에서 잘 자란다. 일반적으로 북쪽이나 동쪽 또는 서쪽 창에서 1m쯤 떨어진 곳에 배치하는 것이 가장 좋다. 빛은 시간이나 계절에 따라 시시각각 바뀐다는 사실을 명심하자.

알로에 베라
(p.38–39)

### 습도

많은 실내식물은 보통의 실내환경보다 높은 습도를 요구하는데, 난방을 하는 경우 특히 습도를 유지할 필요가 있다. 실내 습도를 유지하려면 식물 크기의 트레이에 조약돌을 채우고 돌이 잠기지 않을 정도로 물을 부은 다음 그 위에 화분을 놓는다. 물이 증발하면서 습기를 생성한다. 분무기로 잎에 물을 뿌리는 방법도 있는데, 아침에 뿌려도 밤이면 잎이 마른다. 물 뿌리는 빈도는 실내 여건에 따라 다르다. 잎끝이 갈색으로 변하면 식물에 습기가 필요하다는 징조이므로 횟수를 늘린다. 수돗물보다는 자연 여과시킨 물이나 정수, 또는 빗물을 사용하는 것이 좋다. 여러 식물을 함께 기르면 습도가 높아진다.

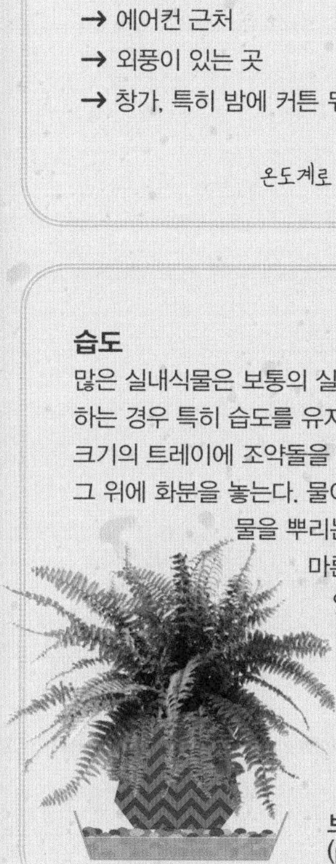

보스턴 고사리
(p.96–97)

테이블 야자
(p.85)

켄차 야자
(p.84–85)

# 18 물주기

잘못된 급수야말로 실내식물을 죽게 하는 대표적인 원인이다. 대부분 너무 많이 주는 게 문제다. 시든 식물을 살리고 식물을 더 건강하게 하는 가장 좋은 방법이 여기 있다.

## 물을 줄 때는…

대부분 위에서 물을 준다. 그러나 잎에 털이 많거나 잎이 흙을 덮고 있다면 물이 밖으로 튀지 않도록 아래에서 물을 준다. 난초는 물에 담가서 배수시키는데, 이렇게 하면 흙이 적절한 양의 물을 흡수한다. 이때 식물이 충격을 받지 않도록 미지근한 물을 주는 것이 좋다. 파인애플과 식물은 경질 수돗물의 화학물질에 민감하므로 수돗물을 받아서 몇 시간 여과시켜 주거나 빗물을 받아서 주는 것도 괜찮다.

### 위에서 주기

주둥이가 흙 가까이 갈 수 있도록 목이 가늘고 긴 물뿌리개를 사용한다. 흙이 고루 촉촉해지도록 식물의 중심 부위에 물을 주고 넘치는 물은 빼낸다.

디펜바키아
(p.62 – 63)

### 밑으로 주기

잎에 물이 튀어 자국이 생기고 잎이 썩지 않게 하려면 이 방법이 좋다. 물이 담긴 트레이에 화분을 30분 정도 놓아두고 물이 넘치지 않게 주의한다.

시클라멘
(p.60–61)

### 담갔다가 배수시키기

난초에 물을 주는 좋은 방법. 미지근한 물이 담긴 용기에 화분을 넣고 10분 정도 그대로 둔다. 완전히 배수되게 하는 게 포인트.

호접란
(p.102–103)

## 물을 얼마나 줄까…

→ **식물이 죽는 가장 큰 원인은 물을 너무 많이 주기 때문이다.** 그렇다고 부족하게 줘도 안 된다.

→ **시간을 정하지 말고 식물이 필요로 할 때 준다.** 대부분 흙의 윗부분 1~2cm가 건조할 때만 물을 주면 된다. 흙에 손가락을 넣어 테스트한다. 잎이 흙을 덮고 있어서 눈으로 확인하기 힘들다면 화분의 무게로 판단할 수 있다. 화분이 아주 가벼운 느낌이 들면 흙이 마른 것이다.

→ **흙은 촉촉하게, 하지만 흥건하지 않도록 준다.** 대부분의 실내식물은 물기 많은 흙을 싫어하므로 지나친 물은 빼내야 한다.

→ **토분의 흙은 플라스틱이나 도기보다 더 빨리 건조된다.** 토분은 공기 순환이 잘 되기 때문이다.

→ **대부분의 식물은 겨울에 활발히 성장하지 않으므로** 물을 많이 필요로 하지 않는다. 일부 식물은 겨울철 휴면 후에 꽃을 피운다.

### 물 부족으로 시든다면?

식물이 시든다면 물이 부족하기 때문이다. 흙이 말랐는지 체크하여 물을 적게 주었는지 확인한다. 물을 너무 많이 줘도 식물이 썩어서 시들 수 있다.

**이렇게 살려요**
식물을 그늘진 곳으로 옮기고 양동이에 미지근한 물을 채운 뒤 화분을 물에 담근다. 플라스틱 화분일 경우 물에 뜨지 않도록 한다. 30분 정도 담갔다가 건지면 한 시간 안에 다시 살아난다.

스파티필럼
(p.124-125)

### 물을 많이 줘서 시든다면?

식물은 물이 많아도 시든다. 물이 부족할 때보다 더 빨리 죽을 수 있으므로 훨씬 더 심각하다.

**이렇게 살려요** 화분에서 꺼내 뿌리를 신문이나 종이타월로 싸서 종이를 갈아가며 수분을 흡수시킨다. 화분에 새 흙을 담아 식물을 옮겨심은 뒤 직사광선이 들지 않는 곳에 몇 주간 흙이 촉촉한 상태로 둔다.

아프리칸 바이올렛
(p.112-113)

# 20 영양제 주고 가꾸기

식물을 잘 자라게 하려면 물 주는 게 전부가 아니라 양분도 필요하다. 최소 일주일에 몇 분간은 식물을 살피고 돌봐야 한다. 이렇게 관심을 기울여야 잘 자란다.

## 영양제를 줄 때는…

식물도 잘 자라려면 영양이 필요하다. 식물을 사오고 몇 주 뒤, 화분에 심은 지 두 달쯤 뒤부터는 영양제를 주기 시작한다. 봄, 여름에는 물을 줄 때 액체 영양제를 섞어서 준다. 보통 한 달에 한 번 정도가 적당하다. 영양 과잉 역시 안 좋으므로 설명서를 잘 따르고 그 이상 주지 말아야 한다. 흙이 촉촉할 때 주면 영양제가 바로 흘러내려 가지 않고 뿌리에 직접 닿게 되어 가장 좋다. 천천히 흡수되게 하려면 천천히 녹는(완효성) 비료 알갱이를 화분에 첨가한다. 이렇게 하면 물을 줄 때마다 영양제가 녹아 들어간다. 겨울에 꽃피우는 식물이 아니면 한겨울에는 영양제를 주지 않는다.

# 가꾸고 돌보기

일주일에 1~2분 정도 식물을 자세히 살피고 이상이 없는지 확인해본다. 이렇게 하면 식물이 건강을 유지할 수 있을 뿐만 아니라 문제가 발생했을 때 보다 빨리 징후를 발견할 수 있다.

## 잎 닦아주기

깨끗한 천을 물에 적셔서 식물 잎(특히 잎이 큰 식물)의 먼지를 닦아준다. 이따금 샤워기로 물을 뿌려주되 여름에는 찬물, 겨울에는 미지근한 물을 뿌린다. 잎에 털이 있거나 가시가 많은 식물은 부드러운 붓으로 털어주듯 닦는 것이 좋다.

## 시든 부위 정리하기

시든 잎과 꽃을 잘라낸다. 이렇게 하면 꽃이 더 많이 피고, 죽은 꽃잎이 잎에 떨어지지 않아 썩는 것을 막을 수 있다.

행운목
(p.68–69)

## 관리법 체크!

식물이 병든 것 같다면 관리를 잘하고 있는지 점검하고 심각한 문제를 일으키기 전에 해충이나 질병의 징후를 찾는다(p.24–27 해충 관리하기, p.28–29 식물의 질병 참조).

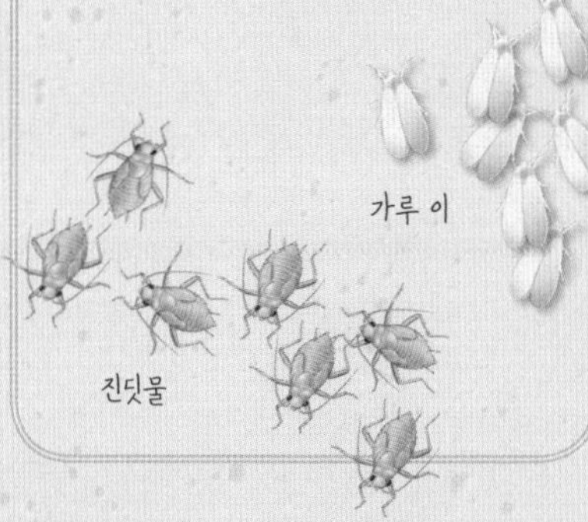

# 분갈이하기

식물을 기르다 보면 조만간 원래 흙의 영양분이 고갈될 것이므로 분갈이가 필요하다. 식물이 자라면서 더 큰 화분에 옮겨심어야 한다.

## 분갈이에 좋은 시기

뿌리가 화분 흙의 표면이나 밑을 돌면서 자랄 때 분갈이를 해야 한다. 뿌리의 흙을 조심스럽게 떼어 확인해본다. 옮겨심을 화분은 이전 것보다 좀 더 큰 것으로 한다. 지름이 5cm 정도 더 크면 적당하다. 화분이 너무 크면 쓸데없이 흙이 많이 필요하고 과습해질 수도 있다. 흙은 다목적 실내식물용이면 되며, 마당의 흙을 사용하는 것은 금물. 난초나 선인장 같은 것은 전용 배양토가 필요하다. 분갈이에 가장 좋은 시기는 봄, 여름이다. 화분에 심고 나서 몸살을 앓기도 하지만 계속해서 평소처럼 돌봐주면 회복된다.

디펜바키아
(p.62–63)

### 작은 화분에 심은 식물

작은 식물을 새 흙과 함께 큰 화분에 옮겨심는다.

### 큰 화분에 심은 식물

커다란 식물을 화분에서 꺼내기 어려울 때는 위에 덮인 흙을 5~8cm만큼 꽃삽으로 퍼내고 새 흙으로 갈아준다. 이때 뿌리가 손상되지 않도록 주의한다.

떡갈잎고무나무
(p.76–77)

## 화분에 담는 방법

새 화분과 신선한
흙을 준비하고
순서대로 옮겨심는다.

1 옮겨심기 전날 식물에 물을 준다. 이렇게 하면 화분에서 꺼내기가 쉽고 식물이 손상을 덜 받는다.

2 준비한 좀 더 큰 화분 바닥에 신선한 흙을 추가한다.

3 식물을 거꾸로 기울인 뒤 줄기 밑 부분을 잡고 화분을 두드린다.

6 물을 주고 아래로 배수되도록 한다.

4 새 화분에 식물을 집어넣는다. 화분 끝에서 흙까지 공간을 남겨둔다.

5 뿌리 덩이 주위에 흙을 추가해 부드럽게 눌러준다.

"분갈이한 후에도
평소처럼 계속
관리해주세요"

# 해충 관리하기

실내식물은 작은 해충 하나 때문에 피해를 입거나 죽을 수도 있다. 해충 감염의 징후를 알아차릴 수 있어야 식물의 생명도 구할 수 있다.

## 해충을 막는 방법

건강한 식물은 벌레가 꼬이지 않는다. 스트레스받고 건강이 안 좋은 식물은 해충으로부터 공격당할 가능성이 높다. 식물이 해충에 감염되면 대부분 살충제로 처리한다. 살충제에는 화학제품과 천연제품이 있고, 천연제품은 식물에서 추출한 것과 기타 천연성분으로 된 것으로 나뉜다. 진딧물, 가루 이, 총채벌레 같은 해충을 잡는 데는 벌레 잡는 끈끈이가 좋은데, 특히 감염 수준을 알 수 있어 도움이 된다. 집에서 기르는 식물에 유난히 벌레가 많이 꼬인다면 천적인 미생물을 이용한 생물학적 방제를 시도해볼 수 있다.

베고니아(p.44–45)

**POINT**

벌레가 꼬이는 곳

"해충은 스트레스받고 건강이 안 좋은 식물을 공격할 가능성이 커요"

# 식물 해충의 종류

다음은 실내식물에 생기기 쉬운 해충들이다. 상세한 내용은 각각의 식물 관리 페이지에서 확인할 수 있다.

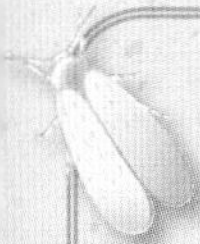

## 가루 이

잎 뒷면에 숨어 살며, 건드리면 흰색의 작은 벌레들이 뭉게뭉게 떨어진다.

**처치법** 화분을 밖으로 갖고 나가서 물을 뿌리거나 커다란 양동이에 미지근한 물을 채우고 식물 전체를 담가 떨어져 나가게 한다. 끈끈이를 매달아도 좋다.

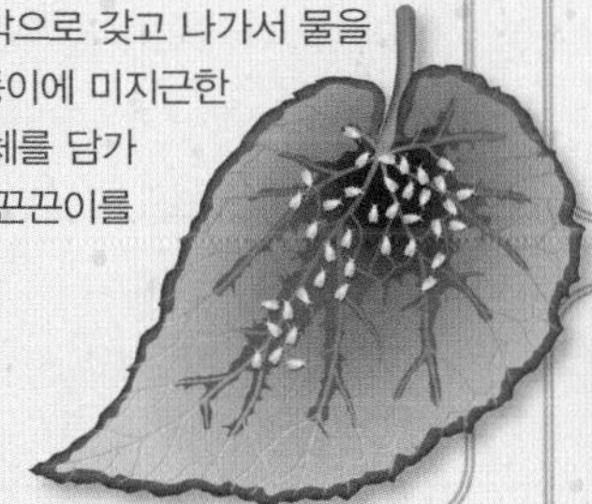

베고니아 잎

## 버섯파리

작은 갈색 또는 검은색을 띠는 곤충으로 해롭지는 않지만 식물 주위를 날아다녀 지저분하다. 구더기 상태일 때는 흙 속에서 유기물을 먹고 사는데 식물의 뿌리를 공격하기도 한다. 건강한 식물이라면 괜찮지만 어리거나 약한 식물에게 안 좋다.

**처치법** 물을 주기 전에 윗부분의 흙 1~2cm 만큼을 건조시키면 대부분 좋아진다. 노란색 끈끈이를 달아놓아도 좋다. 흙의 표면을 미세한 조약돌로 덮으면 벌레가 알을 낳는 것을 방지할 수 있다.

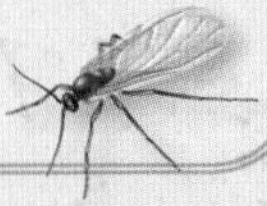

## 잎나방벌레

잎에 갈색이나 흰색, 또는 불투명 색의 구불구불한 흔적이 있다면 잎나방벌레가 파먹은 것이다. 흰색 점처럼 보이는 경우도 있다.

**처치법** 벌레 먹은 잎을 잘라버리고 살충제를 뿌린다.

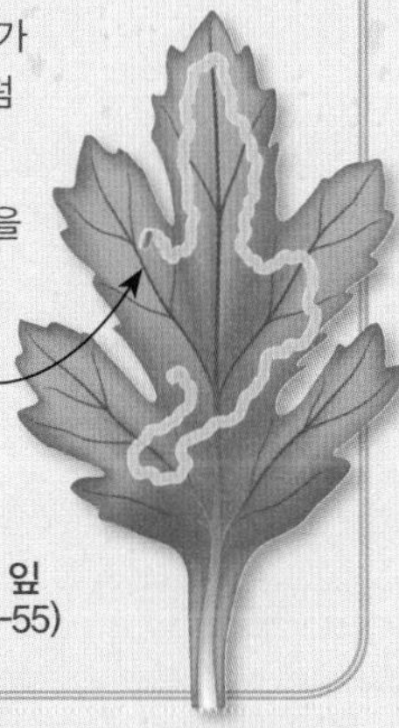


국화 잎
(p.54–55)

## 총채벌레

갈색 또는 검은색의 작은 벌레가 식물의 수액을 빨아들여 잎 색깔이 칙칙해지거나 얼룩덜룩한 증상이 나타난다. 자라면서 잎 모양이 울퉁불퉁해지거나 꽃에 은백색 줄무늬가 생기기도 한다. 식물을 실외에 두었을 경우 벌레 먹기 쉽다.

**처치법** 끈끈이를 매달아 벌레를 잡는다. 살충제를 뿌리거나 미생물을 이용한 생물학적 방제를 시도해도 좋다.

크로톤 잎
(p.119)

뒤 페이지에 계속

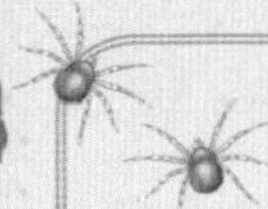

### 응애

잎이 하얗게 변하거나 얼룩덜룩해지고, 잎과 줄기 사이가 그물처럼 되거나 잎이 떨어지는 증상이 나타난다. 잎 뒷면에 돋보기를 비추면 응애가 보인다.

**처치법** 살충제를 뿌리거나 생물학적 방제를 시도한다. 응애는 덥고 건조한 환경에서 번성하므로 매일매일 식물에 분무를 해줘서 뜨겁고 건조하지 않도록 습도를 조절한다.

아이비 잎(p.80–81)

## "주기적으로 살펴봐서 벌레가 퍼지기 전에 처리하세요"

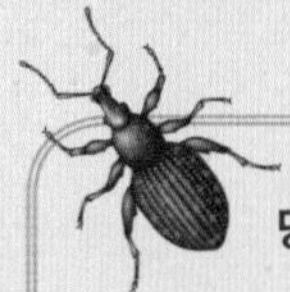

### 덩굴 바구미

물이 부족하거나 너무 많지도 않았는데 식물이 죽는다면 덩굴 바구미가 범인일 수 있다. 밖에 둔 화분의 흙에서 주로 발견되며, 식물의 뿌리나 덩이뿌리를 갑자기 시들게 한다.

**처치법** 여름내 화분을 밖에 두었다면 늦여름이나 초가을에 살충제 또는 생물학적 방제제를 흙에 섞어서 해충을 잡는다. 해충이 이미 뿌리 전체에 침투했다면 회복되기가 힘들다.

식물의 흙에 덩굴 바구미가 있지 않은지 살펴본다

에케베리아(p.72–73)

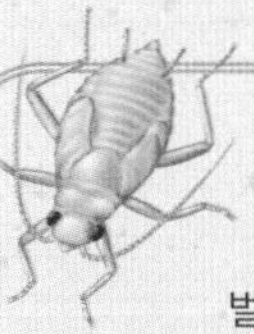

## 진딧물

녹색, 검은색, 회색 또는 주황색을 띠는 벌레로 줄기 끝과 꽃봉오리에서 수액을 빨아먹고 단물을 분비하며, 그을음병을 퍼뜨린다. 진딧물이 바이러스를 퍼뜨릴 수도 있다.

**처치법** 문질러 죽이거나, 스프레이로 물을 뿌려서 제거하거나, 살충제를 뿌린다. 노란색 끈끈이 트랩을 걸어두면 도움이 된다.

피토니아 잎(p.78–79)

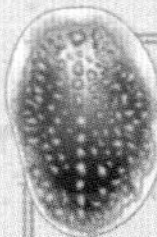

## 깍지벌레

줄기와 잎 뒷면에 갈색 덩어리처럼 붙어있다. 끈적끈적한 점액을 배출하는데, 이것이 그을음병을 퍼지게 하기도 한다. 없애지 않으면 잎이 노랗게 변하고 식물의 생존력이 약해진다.

**처치법** 문질러 죽이거나 살충제를 뿌린다. 화학물질에 민감한 양치식물에는 살충제를 사용하지 않는다. 생물학적 방제를 시도할 수도 있다.

홍콩야자 잎
(p.118–119)

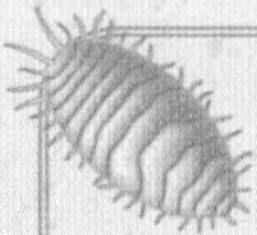

## 가루깍지벌레

흰색 보풀로 덮여있는 이 벌레는 잎 뒷면, 줄기와 연결된 부분을 중심으로 발생해 식물의 수액을 빨아먹고 점액질의 액체를 배설한다. 가루깍지벌레가 생기고 나면 이어서 그을음병이 퍼진다. 잎이 시들고 노랗게 변하며 잎이 떨어지기도 한다.

**처치법** 천이나 면봉에 살충제를 적셔서 닦아낸다. 일주일에 한 번 식물 전체에 살충제를 뿌리거나 생물학적 방제를 시도할 수도 있다. 가루깍지벌레에 감염되면 박멸하기 어려운 편인데, 심한 경우 식물을 버리는 것이 더 낫다.

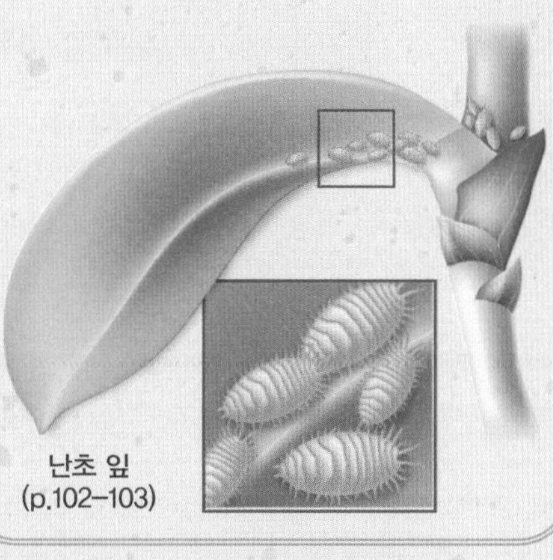

난초 잎
(p.102–103)

# 식물의 질병

실내식물을 잘 돌보는 것이 질병 예방의 지름길임을 잊지 말고 주의를 게을리하지 않아야 한다. 식물을 공격하는 질병과 치료법을 알아본다.

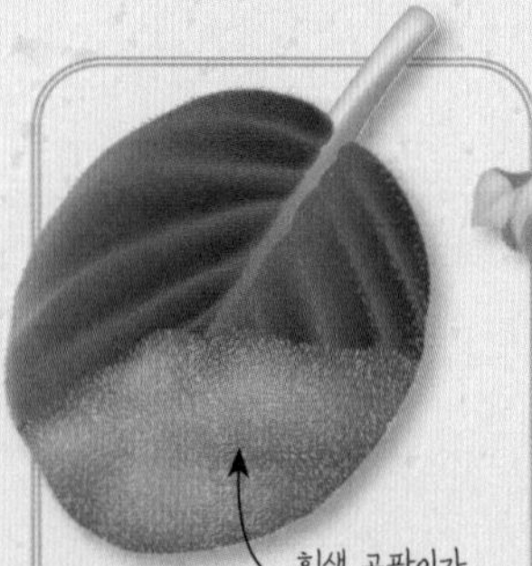


아프리칸 바이올렛
(p.112–113)

## 곰팡이(잿빛곰팡이)

식물 전체에 발생한다. 특히 차갑고 습하며, 공기가 탁할 경우 발견된다.

**치료법** 잎이나 중심부에 물이 튀지 않도록 아래에서 물을 준다. 곰팡이가 많은 핀 흙을 함께 제거하고 살균제를 뿌린다. 물을 덜 주고 환기를 자주 한다.

시클라멘(p.60–61)

## 꽃대와 줄기 썩음병

줄기 밑부분에 곰팡이가 퍼져 색이 변하고 뭉그러지며 썩는다. 물을 너무 많이 주거나, 줄기 밑에 물이 많이 고이거나, 온도가 낮을 경우 이런 현상이 나타난다.

**치료법** 썩은 부위를 잘라내고 곰팡이 방지약을 뿌려준다. 물을 많이 주지 말아야 하며, 식물을 따뜻하고 통풍이 잘되는 곳으로 옮긴다.

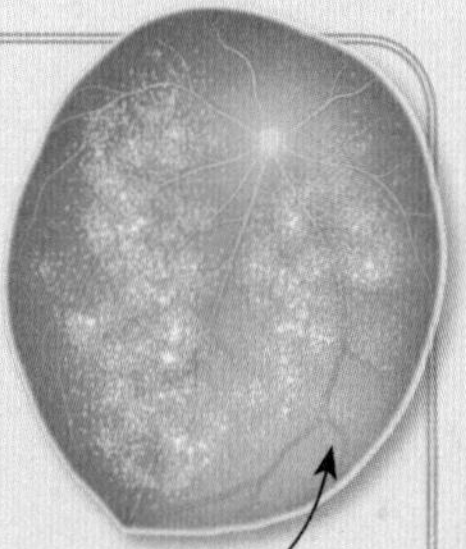


필레아 잎(p.108–109)

## 흰가루병

잎에 하얀 먼지 같은 게 보인다. 식물이 한 공간에 많이 모여있거나 덥고 습한 환경에서 발생한다. 수중식물에도 많이 나타난다. 해로운 것은 아니지만 식물을 약하게 만든다.

**치료법** 흰가루병이 발생한 잎을 잘라버리고 살균제를 뿌린다. 공기 흐름을 위해 식물들을 널찍널찍 떨어뜨려 놓는다.

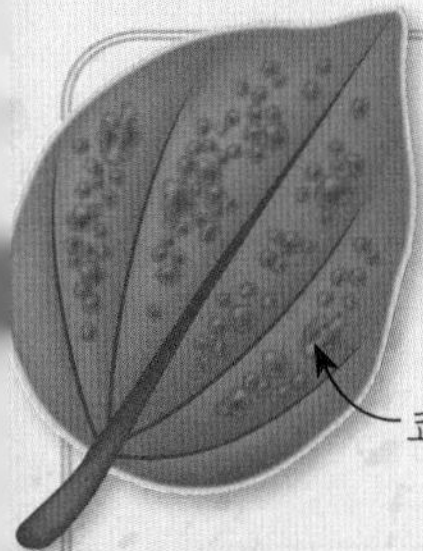


페페로미아 잎(p.100–101)

## 수종

잎 아랫면에 코르크처럼 우툴두툴하게 부풀지 않았는지 확인한다. 습한 상태가 계속되거나 실내의 습도가 높을 때, 약한 빛 등으로 인해 발생한다.

**치료법** 식물에 물을 덜 주고, 실내 습도를 낮추고, 식물을 밝은 곳으로 옮긴다.

홍콩야자 잎(p.118–119)

## 그을음병

검은색 곰팡이의 일종. 진딧물이나 가루 이, 깍지벌레, 가루깍지벌레의 끈적거리는 분비물로 인해 발생한다. 곰팡이는 빛과 식물의 모공을 차단한다.

**치료법** 물에 적신 깨끗한 천으로 곰팡이를 닦아내고 감염을 치료한다(p.24–27 해충 관리하기 참조).

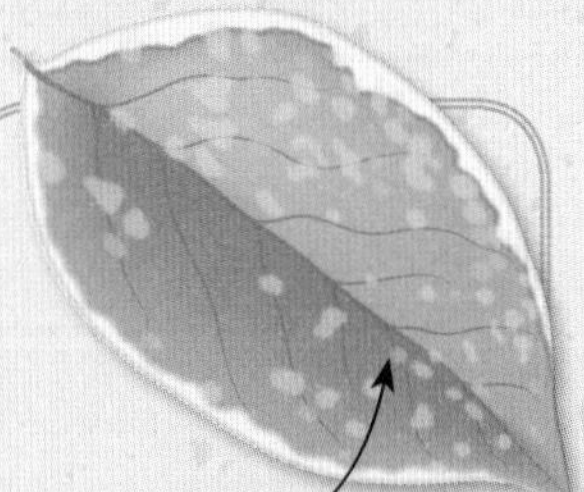


호야 잎(p.88–89)

## 바이러스

노란색 얼룩, 변형 성장, 꽃에 흰 줄무늬 등의 증상을 보인다.

**치료법** 해충에 의해 전염되었을 수 있고 구입할 때부터 이미 존재했을지도 모른다. 특별한 치료 방법은 없다.

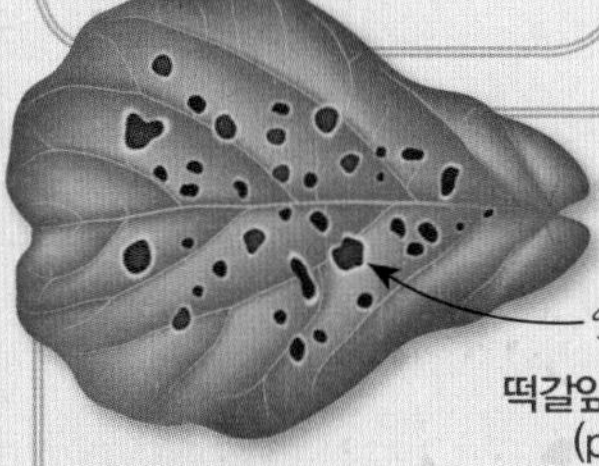


떡갈잎고무나무 잎 (p.76–77)

## 잎 반점병

갈색 또는 검은색 반점이 노란색 테두리에 둘러싸인 모양이다. 반점이 커지면 잎 전체가 죽을 수도 있다. 박테리아나 균류에 의해 발생하는데, 식물을 너무 빽빽이 두었거나 습도가 높거나 잎이 물에 젖었을 때 나타나는 증상이다.

**치료법** 반전이 생긴 잎을 잘라내고 살균제를 뿌린다. 습도를 낮추고 식물 사이의 간격을 벌려준다.

## 뿌리썩음병

물을 너무 많이 줘서 뿌리가 감염되는 질병으로, 잎이 시들어 노랗게 되다가 갈색으로 변하고 마침내 떨어진다. 뿌리는 썩어서 무르고 어두운 빛깔을 띤다.

**치료법** 흙을 걷어내고 뿌리를 확인한다. 잘 드는 칼로 병든 뿌리를 잘라내고 건강한 흰 뿌리만 남겨둔다. 줄어든 뿌리에 맞춰 식물을 다시 정리해주고 살균제 처리를 한 다음 깨끗한 화분에 신선한 흙과 함께 옮겨심는다.

선인장(p.98–99)

# THE HOUSEPLANTS

실내식물 돌보기

돌보는 방법
&
문제 해결법

# 아디안툼

## *Adiantum raddianum*



양치류인 아디안툼은 잎이 작고 가녀려서 기르기가 조금 까다롭다. 습하고, 따뜻하며, 그늘진 곳이 자라기 좋은 환경이다.

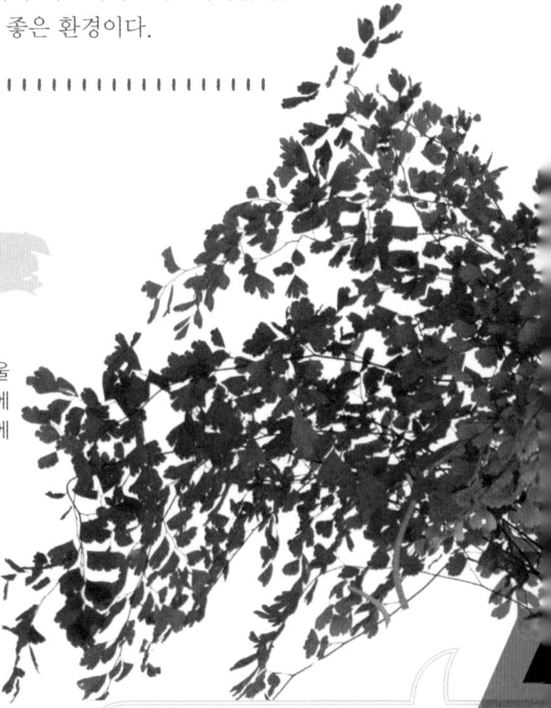

### 이렇게 길러요

**위치**
실내온도는 15~21℃가 적당하고 겨울에는 10℃ 이하로 유지한다. 난방기나 통풍구에서 멀리 둔다. 습기가 많이 필요하므로 욕실에 두는 것이 좋다.

**빛**
직사광선이 들어오지 않는 북쪽 창에서 1m 정도 떨어진 곳에 둔다. 동쪽 창이라면 햇살을 받지 않게 둔다.

**물 + 영양**
흙의 위 1cm 부분이 건조해지면 물을 주는데, 지나치게 배수가 되지 않게 한다. 흙은 촉촉하게 유지한다. 영양제는 봄, 여름에 한 달에 한 번 준다.

**돌보기**
조약돌을 깐 트레이에 물을 채운 뒤 화분을 올려놓고 주기적으로 잎에 물을 뿌려 습기를 준다. 덥고 건조한 실내라면 더 자주 뿌린다. 바깥쪽 오래된 잎은 잘라낸다.

| | |
|---|---|
| **해충 관리** (p.24-27 참조) | 잎에 깍지벌레와 가루깍지벌레가 생길 수 있다. |

**잎이 갈색으로 변하고 바삭하게 마른다면?**

습도가 낮거나 햇볕이 내리쬐거나 흙이 너무 건조하기 때문이다. 난방기 근처나 바람 부는 곳에 둬도 이런 경우가 많다.

**이렇게 살려요** 갈변하거나 마른 잎은 잘라낸다. 식물이 너무 밝은 곳이나 난방기 근처에 있지 않은지 확인한다. 조약돌을 깐 물 트레이에 물을 채운 뒤 화분을 올려놓고 주기적으로 분무한다. 흙은 촉촉하게 유지한다.

### 잎이 창백해진다면?

잎이 창백하면 직사광선에 너무 많이 노출된 것일 수 있는데, 이때 잎에 그을린 자국이 나타나는 경우가 있다. 너무 어두운 곳에 두어도 창백해질 수 있다. 이럴 때는 영양제를 준다.

**이렇게 살려요** 산란광이 들어오는 위치로 옮기거나 영양제를 준다.

**아디안툼**
높이 & 폭 : 최대 40cm

### 잎이 노랗게 변한다면?

수분이 부족하거나 너무 많은 경우. 또는 온도 변화 때문일 수도 있다.

**이렇게 살려요** 흙이 물에 젖지 않았는지, 식물이 난방기나 에어컨 근처에 있지 않은지 확인한다.

## 함께 돌보면 좋아요

**프테리스**
*Pteris cretica*
아디안툼 비슷하게 관리하면 되지만 아디안툼보다 습기에 덜 민감하다.

**후마타**
*Davillia canariensis*
아디안툼과 비슷하게 관리하면 되지만 물과 습기가 덜 필요하다.

# 에크메아

*Aechmea fasciata*

파인애플의 일종으로 꽃가루가 있는 꽃이 오래 지속되는 것이 특징이다. 잎이 장미꽃처럼 모여 나서 가운데 꽃병처럼 물을 모아둘 수 있다.

## 이렇게 길러요

### 위치

13~27℃의 따뜻한 방에 둔다. 공기 순환을 위해 가끔 창문을 열어준다.

### 빛

밝은 빛을 피하고 직사광선이 닿지 않는 곳에 둔다. 직사광선에 잎이 타지 않게 한다.

### 물 + 영양

꽃병에 물을 붓듯, 꽃대 가운데에 물 깊이가 2~3cm 되도록 물을 준다. 증류수나 여과수, 빗물을 사용한다. 물이 정체되지 않도록 2~3주마다 안의 물을 비워주고 다시 채운다. 여름에 흙이 마르면 흙에도 물을 준 다음 배수시킨다.

### 돌보기

방이 따뜻한 경우 습도를 높여준다. 조약돌 깐 트레이에 물을 채운 뒤 화분을 놓고, 일주일에 한두 번씩 잎에도 물을 뿌려준다.

| 해충 관리 (p.24 - 27 참조) | 잎에 깍지벌레나 가루깍지벌레가 생길 수 있다. |
|---|---|

### 잎이 갈색으로 칙칙해지거나 거칠어진다면?

물을 너무 많이 줬거나 배수 불량으로 꽃봉오리나 뿌리가 썩었기 때문일 수 있다.

**이렇게 살려요** 꽃봉오리와 뿌리가 썩지 않았는지 확인한다. 감염된 부위를 정리하고 살균제 처리를 한 다음 새 흙으로 분갈이한다. (p.28–29 식물의 질병 참조)

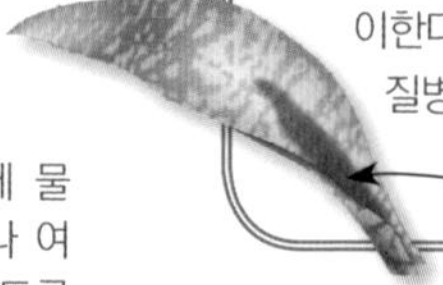

### 꽃이나 식물이 죽는다면?

흔한 일이다.

**이렇게 살려요** 잘 드는 칼로 잎사귀 안쪽 깊숙이 칼을 넣어 꽃대를 자른다. 에크메아는 한 번만 꽃을 피우지만 계속 돌보다 보면 새 포기가 생긴다. 원래 크기의 3분의 1 정도가 되면 조심스럽게 잘라서 다른 화분에 옮겨심는다.

**잎이 창백하다면?**

너무 건조하거나 직사광선을 받고 있다.

**이렇게 살려요** 그늘진 곳으로 옮기고 잎에 주기적으로 분무를해준다.

**잎이 누렇게 변한다면?**

뜨겁고 건조하기 때문이거나, 물 부족 또는 과잉 때문일 수 있다. 경질 수돗물로 인해 발생할 수도 있다.

**이렇게 살려요** 식물 중앙에 물을 더 넣어주고 흙에도 가볍게 물을 준다. 잎에도 더 자주 분무한다. 경수가 문제라면 여과수나 정수, 또는 빗물로 바꾼다.

## 함께 돌보면 좋아요

**브리세아**
*Vriesea splendens*
특이한 칼 모양의 꽃이 삐죽삐죽 난 브리세아는 관리 방법이 에크메아와 같다.

**구즈마니아**
*Guzmania lingulata*
관리법이 에크메아와 유사한 파인애플과 식물로, 파인애플 같은 꽃으로 유명하다.

# 36 알로카시아

## *Alocasia x amazonica*

진녹색 줄무늬가 인상적인 알로카시아는 열대 동물인 코끼리의 귀(Elephant's ears)라는 영어 이름에서 연상되듯 고온다습한 환경을 좋아한다.

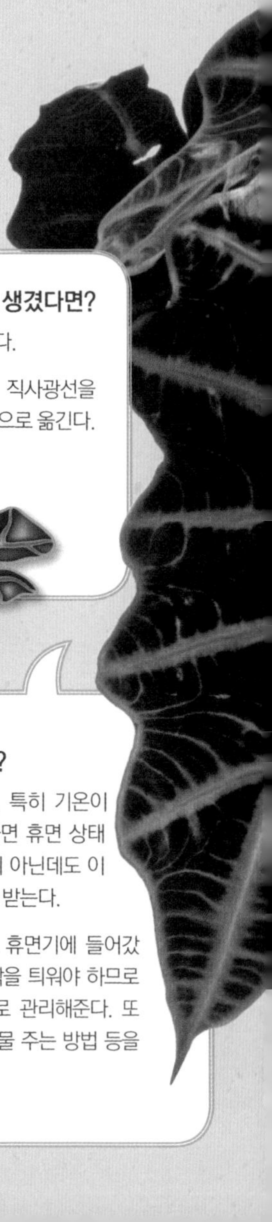

### 이렇게 길러요

**위치**
일 년 내내 18~21℃의 온도를 유지한다. 냉난방기나 바람이 통과하는 곳에 두지 않는다.

**빛**
여름철 직사광선은 피한다. 부분적으로 그늘진 곳이 가장 좋다. 겨울에는 더 밝은 곳으로 옮긴다.

**물 + 영양**
며칠에 한 번씩 가볍게 물을 뿌려 흙을 촉촉하게 유지한다. 미지근한 증류수나 여과수 또는 빗물을 사용한다. 영양제는 봄, 여름에 한 달에 한 번 준다. 겨울에는 물을 더 적게 준다.

**돌보기**
다습한 환경을 좋아하므로 조약돌이 채워진 물 트레이에 화분을 세워놓고 잎에 자주 물을 뿌린다. 화분에 배수가 잘되는지도 확인한다. 뿌리가 화분보다 크게 자란 경우에만 분갈이하되 봄에 하는 것이 좋다.

### 잎에 갈색 얼룩이 생겼다면?

햇볕에 탔기 때문이다.

**이렇게 살려요** 직사광선을 피해 조금 그늘진 곳으로 옮긴다.

### 식물이 죽는다면?

알로카시아는 겨울, 특히 기온이 15℃ 아래로 내려가면 휴면 상태에 들어간다. 겨울이 아닌데도 이 상태가 되면 피해를 받는다.

**이렇게 살려요** 휴면기에 들어갔더라도 봄에 다시 싹을 틔워야 하므로 계속해서 정상적으로 관리해준다. 또는 놓인 위치나 빛, 물 주는 방법 등을 다시 확인한다.

## 해충 관리

(p.24 – 27 참고)

잎에 깍지벌레, 가루깍지벌레, 응애가 생길 수 있다.

### 잎이 갈변하고 바삭해진다면?

습도가 너무 낮거나 수질 때문일 수 있다.

**이렇게 살려요** 조약돌을 채운 물 트레이에 화분을 올려놓고 잎에 물을 자주 뿌려준다. 증류수나 여과수, 또는 빗물로 바꿔주는 게 좋다.

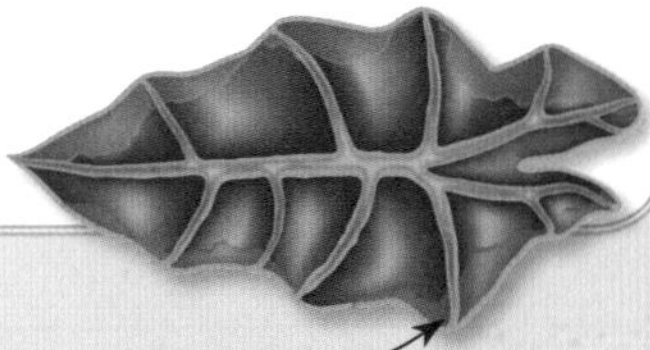


### 식물이 시든다면?

물 부족 또는 과잉 때문일 수 있다. 지나친 관수는 뿌리가 썩는 결과를 가져온다.

**이렇게 살려요** 흙을 확인해봐서 너무 건조하거나 젖었다면 급수를 조절한다. 문제가 지속되면 뿌리가 썩지 않았는지 확인한다. 죽은 부위를 잘라내고 살균제 처리를 한 다음 새 흙과 함께 다시 화분에 담는다. (p.28–29 식물의 질병 참조)

# 38 알로에 베라

## *Aloe vera*

뾰족한 다육의 잎으로 구성된 알로에 베라는 어떤 식물보다 잘 자란다. 알로에 베라 수액은 화상과 피부 자극을 진정시키는 효과가 있는 것으로 알려진다.

**해충 관리**
(p.24 – 27 참고)

잎에 깍지벌레가 생길 수 있다.

### 이렇게 길러요

**위치**
실내 온도를 10~24℃로 유지한다. 잘 자라면 노란색 꽃이 핀다.

**빛**
남쪽으로 난 창가처럼 밝은 곳에 둔다. 직사광선에도 차츰 적응한다.

**물 + 영양**
봄, 여름에는 위에서 2~3cm 정도 흙이 마르면 일주일에 한 번 정도(위치에 따라 다르다) 물을 준다. 겨울에는 물을 아주 적게 준다. 영양제는 봄에 한 번, 여름에 한 번 준다.

**돌보기**
알로에는 배수가 잘되는 토양을 좋아하므로 심을 때 굵은 모래 또는 펄라이트를 추가하거나 선인장 흙을 사용한다. 위의 모래층이 흙을 건조하게 유지시키고 썩는 것을 막아준다. 식물이 많이 자랐을 때에만 분갈이해준다. 알로에는 원 포기 옆에 순이 나는데 그대로 둬도 되지만 뿌리와 함께 잘라서 분갈이해도 좋다.

**잎줄기가 시들거나 쪼그라들었다면?**

물을 필요로 하는 것이다.

**이렇게 살려요** 가볍게 물을 주고 잎에 분무를 해준다. 며칠간 매일 계속하면 다시 통통하게 살아난다. 하지만 흙이 젖은 상태가 되게 해서는 안 된다.

**잎이 갈색, 붉은색, 암갈색으로 변한다면?**

여름 한낮에 햇볕을 너무 많이 받았거나 물을 너무 많이 준 것이다. 이러면 뿌리도 손상될 수 있다.

**이렇게 살려요** 직사광선이 덜 들어오는 곳으로 옮기고 물을 적게 준다. 이렇게 해도 살아나지 않으면 뿌리를 확인한다.

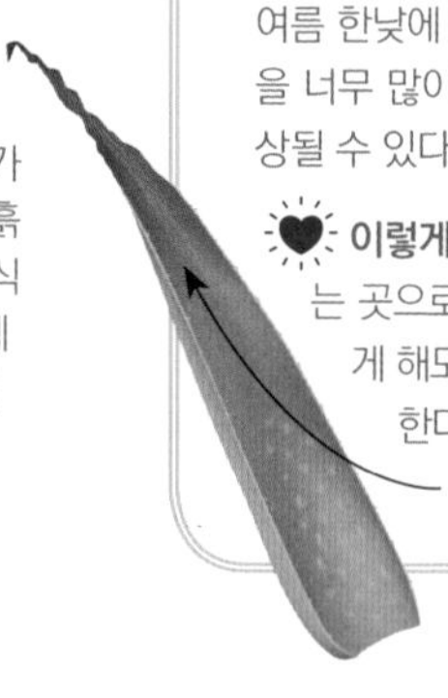

### 색이 옅어지거나 누렇게 변한다면?

전체적으로 색이 옅어지거나 연노랑으로 변하면 수분이 너무 많거나 빛이 충분하지 않은 것이다.

**이렇게 살려요** 물을 제대로 주고 있는지 확인한다. 더 밝은 곳으로 옮긴다.

### 검은색 반점이 생기거나 잎이 흐물거린다면?

물을 너무 많이 주었기 때문일 가능성이 크다.

**이렇게 살려요** 흙이 마를 때까지 물을 주지 않는다. 물을 줄 때 잎에 물을 흘리지 않도록 주의한다. 물이 바닥에 모여 썩을 수 있기 때문이다.

## 함께 돌보면 좋아요

**용설란**
*Agave*
햇볕이 잘 드는 창가에 두고, 알로에와 같은 방법으로 관리한다. 매우 날카로운 가시가 돋은 품종도 있다.

**하워르티아**
*Haworthia*
끝이 뾰족한 것이 특징이며 알로에와 같은 관리가 필요하다. 직사광선을 받으면 잎이 빨갛게 변할 수 있다.

# 안스리움

*Anthurium*

안스리움은 키우기가 까다롭지 않고 잘 자란다. 물결 모양으로 윤기가 나는 빨간 꽃을 몇 주간 볼 수 있다.

## 이렇게 길러요

### 위치
열대식물이므로 온도와 습도가 필요하다. 따뜻한 실내(15~20℃)에 두고, 여름에는 에어컨 바람이 닿지 않게 한다.

### 빛
직사광선은 피하고 햇볕이 잘 드는 창에서 1m 정도 떨어진 곳에 둔다.

### 물 + 영양
봄부터 가을까지 흙의 표면이 말랐을 때 적당히 물을 준다. 물을 주더라도 흙이 너무 젖어 있으면 안 된다. 겨울에는 물을 적게 준다. 영양제는 봄, 여름에는 매달 준다.

### 돌보기
주기적으로 물을 뿌려주고(꽃에는 뿌리지 않는다), 조약돌을 채운 물 트레이 위에 화분을 놓는다. 젖은 스펀지로 잎을 자주 닦아주고 시든 꽃은 살살 뽑아낸다. 봄에 화분을 좀 더 큰 화분에 옮겨심는다.

**해충 관리**
(p.24 – 27 참고)

잎에 가루깍지벌레와 응애가 생길 수 있다.

**잎끝이 갈색으로 변한다면?**

습도가 충분치 않거나 직사광선을 너무 받으면 잎끝이 타들어 갈 수 있다.

**이렇게 살려요** 잎에 주기적으로 물을 뿌려줘서 습도를 높이거나 조약돌이 채워진 물 트레이에 화분을 놓는다. 직사광선이 비치지 않는 곳으로 옮긴다.

### 잎이 무성한데 꽃이 안 핀다?

햇빛을 충분히 받지 못했을 수 있다. 화분이 너무 크거나 너무 작아도 꽃이 잘 안 핀다.

**이렇게 살려요** 밝은 곳으로 옮긴다. 뿌리 끝에서 화분 사이의 간격이 1~2cm 이상으로 화분이 너무 크다면 더 작은 화분으로 옮겨심는다. 영양제를 한 달에 한 번 정도 주면 꽃이 잘 핀다.

### 잎이 노랗게 변한다면?

물을 너무 많이 주거나 영양제를 너무 많이 줬기 때문일 수 있다.

**이렇게 살려요** 식물이 물에 푹 젖게 하지 말고 흙의 윗부분이 마를 때만 물을 준다. 한두 달간 영양제를 주지 말아 본다.

# 42 아스파라거스

## *Asparagus densiflorus* Sprengeri Group

아스파라거스는 고사리류처럼 보이지만 백합과의 일종이다. 관리가 쉽고 가느다란 잎이 깃털처럼 우아하게 나 있는 것이 특징이다.

### 이렇게 길러요

**위치**

난방기같이 직접적인 열을 피하고 서늘한 실내(7~21℃)에 둔다. 적당한 습기를 좋아하므로 다른 식물과 잘 어울린다. 욕실에 두면 좋다.

**빛**

밝은 곳이 두되 빛을 직접 받지 않게 한다.

**물 + 영양**

흙 윗부분 2~3cm가 마르면 물을 준다. 흙이 완전히 마르거나 물이 흥건한 상태가 되지 않도록 한다. 겨울에는 물을 적게 주고, 영양제는 봄, 여름에 매달 준다.

**돌보기**

겨울에 난방으로 건조하면 잎에 가끔씩 분무를 해주고, 누렇게 변한 줄기는 잘라낸다. 뿌리가 화분에 닿을 정도가 되면 봄에 분갈이를 한다.

## 줄기가 노랗게 색이 빠진다면?

아래쪽의 오래된 잎은 자연스레 노랗게 변한다. 하지만 전체적으로 노란색이 퍼지면 실내 온도가 너무 높거나 빛이 너무 많거나, 물 부족 또는 물 과잉일 수 있다. 흙에 물기가 많은지 확인한다.

**이렇게 살려요** 난방기를 피해 서늘하고 약간 그늘진 곳으로 옮긴다. 흙이 젖어있다면 건조시키고, 물을 줄 때는 흙의 윗부분 2~3cm가 마르면 주도록 한다. 뿌리가 썩지 않았는지 확인한다. (p.28-29 식물의 질병 참조)

### 해충 관리
(p.24 - 27 참고)

응애가 생길 수 있다.

## 잎끝이 갈색으로 변한다면?

햇빛을 너무 많이 받았거나 흙이 마른 것이다.

**이렇게 살려요** 그늘진 곳으로 옮긴다. 물이 많으면 빼낸다.

## 함께 돌보면 좋아요

**덩굴 아스파라거스**
*Asparagus setaceus*
비슷하게 관리해주면 되는데, 아스파라거스보다 높은 습도를 좋아하고 빛을 덜 받아도 된다.

**옥살리스(사랑초)**
*Oxalis triangularis*
아스파라거스와 비슷한 관리가 필요하다. 구근식물이어서 겨울에 잎이 다 진다.

# 44 관엽 베고니아

*Begonia rex*

잎 색깔이 진홍색, 은색, 보라색, 녹색, 빨간색으로 아름답게 음영을 이루고 있어 영어로 'Painted Leaf Begonia'라고도 한다.

## 이렇게 길러요

**위치**
일 년 내내 약 18~21℃ 정도로 유지하는 것이 가장 좋다. 온도가 더 올라가지 않게 하고, 겨울에는 13℃ 이하로 내려가지 않도록 한다.

**빛**
햇볕을 쬐게 하되 간접 광이 좋다. 직사광선은 잎이 탈 수 있으므로 피한다.

**물 + 영양**
흙이 촉촉해질 정도로 물을 준다. 여름에는 흙이 건조해질 때마다 주면 된다. 줄기 아래쪽에 물이 고이지 않게 하려면 아래에서 물을 주는 것이 가장 좋다. (p.20-21 물주기 참조) 겨울에는 촉촉한 상태를 유지한다.

**돌보기**
필요한 경우 봄에 분갈이한다. 빛의 방향에 따라 화분을 주기적으로 돌려 식물이 고르게 자라도록 한다. 통풍이 잘되는지 확인한다.

| 해충 관리 (p.24-27 참조) | 진딧물, 응애, 가루 이, 총채벌레가 생길 수 있다. |
|---|---|

**잎에 흰 가루가 생겼다면?**

가뭄이나 고온, 습한 날씨, 또는 열악한 공기 순환으로 인해 나타나는 흰가루병이다.

**이렇게 살려요** 감염된 잎을 잘라내고 살균제로 뿌린다. ( p.28-29 식물의 질병 참조)

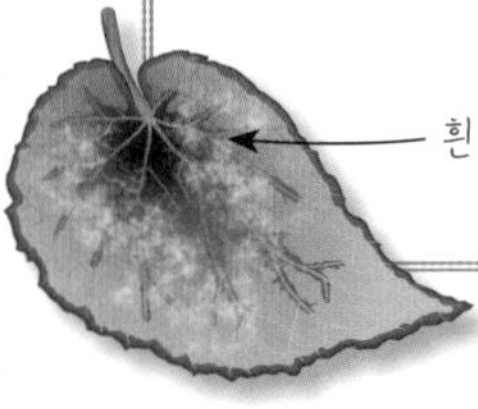


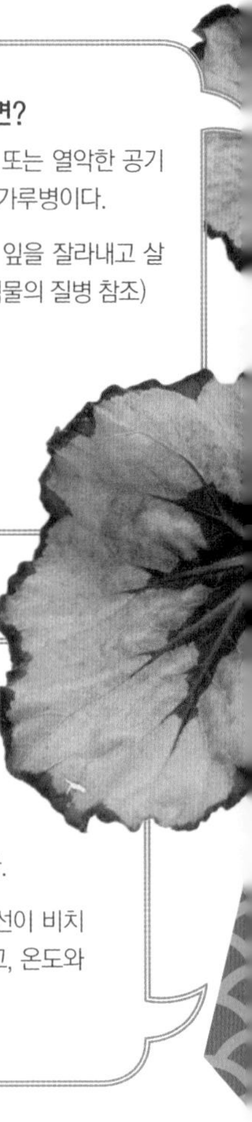

**잎이 떨어진다면?**

물을 너무 많이 주거나 너무 더울 경우 나타나는 증상이다. 잎이 눅눅해진다면 빛이 충분치 않은 것이다.

**이렇게 살려요** 직사광선이 비치지 않는 밝은 곳으로 옮기고, 온도와 관수 방식도 점검한다.

### 잎이 노랗게 된다면?

물이 부족하거나 너무 많거나, 또는 빛이 충분하지 않기 때문일 수 있다.

**이렇게 살려요** 식물의 관리 방식과 위치를 확인한다.

### 부분적으로 회색 얼룩이 생긴다면?

기온이 낮거나, 습하거나, 식물들을 너무 빽빽하게 두었을 때 또는 잎에 물이 튀었을 때 생기는 '보트리티스'라는 이름의 잿빛 곰팡이다.

**이렇게 살려요** 베고니아들끼리 서로 떨어뜨려 감염 확산을 막고 환기를 개선한다. 병든 부위를 제거하고 살균제로 치료한다. (p.28-29 식물의 질병 참조)

## 함께 돌보면 좋아요

**엘라티오르 베고니아**
***Begonia Elatior Group***
색색의 작고 예쁜 꽃이 핀다. 시든 꽃을 주기적으로 잘라주면 꽃이 오래 간다.

**구근 베고니아**
***Begonia spp.***
주기적으로 시든 봉오리를 정리해야 꽃이 오래 간다. 계절이 끝나면 식물을 잘라내고, 덩이줄기에서 흙을 털어낸 다음 시원하고 건조한 곳에 보관했다가 봄에 새 화분에 심는다.

# 책상에 놓으면 좋은 5가지 식물

작업 공간을 녹색으로 만들면 생산성이 높아지고 스트레스가 줄어든다고 한다. 연구에 따르면 어떤 식물은 공기 중의 독소를 제거하는 효과가 있다는 사실이 밝혀졌다. 크기가 작고 빛에 민감하지 않은 것이 책상에 놓기에 좋은 식물이다.

## 개운죽

***Dracaena sanderiana***

'럭키 대나무(Lucky Bamboo)'ㄹ
는 영어 이름처럼 사무실 책상O
두고 일을 하면 힘이 날 것이다.
흙에 심어도 되고 컵에 담아 수
재배할 수도 있다.

**p.70–71 개운죽 참조**

## 네오레겔리아

***Neoregelia carolinae f. tricolor***

매력적인 3가지 색을 띠는 이 식물은 꽃이 피기 직전에 잎이 핑크색이 된다. 꽃병에 물을 채우듯 가운데 꽃대 사이의 홈에 생수를 붓는다.

**p.49 네오레겔리아 참조**

## 산세비에리아

***Sansevieria cylindrica***

원통형의 뾰족한 잎이 특징인 산세비에리아는 특별히 관리하지 않아도 잘 자란다. 물도 많이 필요치 않고, 집을 비우는 등 잠깐 방치해도 잘 견딘다.

**p.115 산세비에리아 참조**

## 페페로미아 메탈리카

***Peperomia metallica***

잎이 매력적인 페페로미아는 자그마하면서 실내 형광등 아래에서 잘 자라므로 사무실 책상 위에 두면 좋다.

**p.100-101 페페로미아 메탈리카 참조**

## 드래곤 트리

***Dracaena marginata***

대표적인 좋은 공기 청정 식물로 물주기가 불규칙적이어도 괜찮다. 잘 자라지만 위로 뻗어 나가기 때문에 공간을 많이 차지하지 않는다. 살짝 그늘진 곳에 보관한다.

**p.69 드래곤 트리 참조**

# 48 빌베르기아

*Billbergia nutans*

'여왕의 눈물(Queen's Tears)'이라고도 불리는 이 식물은 기르기 쉬운 파인애플과 식물 중 하나다. 공중걸이 화분에 심어 장식하기도 한다.

**해충 관리**
(p.24 – 27 참고)

잎에 깍지벌레와 가루깍지벌레가 생길 수 있다.

## 이렇게 길러요

### 위치
5~24℃의 실내에 둔다. 이 온도보다 따뜻할 때만 꽃이 핀다.

### 빛
직접 들어오는 빛은 피하고 밝은 곳에 둔다.

### 물 + 영양
증류수나 여과수, 또는 빗물로 물을 준다. 꽃병에 물을 붓듯 가운데 오목한 곳이 항상 2~3cm 깊이가 되도록 준다. 물이 고여 있지 않도록 2~3주마다 물을 비우고 다시 채운다. 흙은 촉촉한 상태를 유지한다. 봄, 여름에 한 달에 한 번 정도 절반으로 희석한 액체 영양제를 준다.

### 돌보기
조약돌이 채워진 물 트레이에 올려 습도를 유지한다. 3년쯤 지나면 꽃이 핀다. 피었다가 진 꽃은 조심스럽게 떼어내고, 개화 후 봄에 새 화분에 옮겨심는다. 그 과정에서 만개한 꽃은 서서히 죽어가고 그보다 1/3 정도 작은 새 봉오리가 맺힌다.

**잎끝이 노랗게 변한다면?**

화분이 작다는 증거다.

**이렇게 살려요** 개화가 끝나고 나면 봄에 분갈이를 한다.

### 잎끝이 갈색으로 변한다면?

실내가 건조하거나 경질의 물을 주었기 때문일 수 있다.

**이렇게 살려요** 증류수나 여과수, 또는 빗물을 잎에 주기적으로 뿌려준다.

### 꽃이 잘 떨어진다면?

꽃을 만지거나 꽃이 움직이면 꿀 성분의 꽃이 떨어지는데, 이 때문에 여왕의 눈물이라는 이름이 붙었다.

**이렇게 살려요** 그냥 놔둔다.

### 꽃이 안 핀다면?

3년이 될 때까지는 꽃이 피지 않는다. 이 기간이 지나도 안 피는 것은 온도가 너무 낮거나 어두운 곳에 두었기 때문일 수 있다.

**이렇게 살려요** 직사광선을 피해 밝고 따뜻한 곳으로 옮긴다.

## 함께 돌보면 좋아요

**틸란드시아**
*Tillandsia cyanea*
파인애플과의 일종으로 핑크 퀼이라고도 한다. 빌베르기아와 비슷한 관리가 필요하지만 좀 더 따뜻한 환경(14~25℃)을 좋아한다.

**네오레겔리아**
*Neoregelia carolinae f. tricolor*
비슷하게 관리해주면 된다. 꽃이 피기 전에 중앙의 잎들이 빨간색으로 변한다.

# 50 칼라데아

*Calathea*

칼라데아는 대부분 잎을 보기 위해 키운다. 칼라데아 잎은 특이하게도 뒷면이 붉은색으로 되어있다.

## 이렇게 길러요

### 위치

열대우림 식물이므로 따뜻한 실내(16~20℃)에서 키운다. 습기를 좋아해 욕실에 두는 것도 괜찮다. 온도 변화가 심한 곳을 피한다.

### 빛

직사광선을 피하고 부분 그늘이나 밝은 빛에 둔다.

### 물 + 영양

봄부터 가을까지는 흙을 항상 촉촉하게 유지하되, 물이 흥건하지 않게 한다. 수돗물의 화학 성분에 민감하므로 증류수나 여과수, 빗물을 사용한다. 화분 배수가 잘되는지 확인하고, 겨울에는 물을 적게 준다. 영양제는 봄부터 가을까지 한 번 준다.

### 돌보기

습도를 유지하려면 조약돌로 가득 찬 물 트레이에 올려놓고 매일 분무를 해준다. 다른 식물과 함께 기르면 습도가 높아진다. 가끔 잎을 닦아 먼지를 제거한다. 봄에 분갈이한다.

### 잎이 떨어진다면?

물을 너무 많이 줬다는 신호다. 너무 춥거나 외풍에 노출되어도 잎이 떨어진다.

**이렇게 살려요** 흙은 촉촉하지만 젖어있지 않아야 한다. 겨울에는 물을 적게 주고, 좀 더 따뜻한 곳으로 옮긴다.

### 해충 관리

(p.24 – 27 참고)

응애가 생길 수 있다.

### 잎끝이나 테두리가 갈색으로 변한다면?

공기가 너무 건조하거나, 물을 너무 많이 줬거나, 경질의 물을 주었기 때문일 수 있다.

**이렇게 살려요** 분무기로 매일 물을 뿌려주고 조약돌로 채운 물 트레이에 놓는다. 다른 여러 식물들과 함께 두어 습도를 높인다. 물을 증류수나 여과수, 빗물로 바꾼다.

### 잎이 퇴색되거나 그을린 것처럼 된다면?

직사광선을 받으면 이렇게 된다

**이렇게 살려요** 그늘진 곳으로 옮긴다.

## 함께 돌보면 좋아요

**마란타**
*Maranta*
칼라데아와 같은 환경에서 기르면 된다. 밤에 잎이 기도하는 손처럼 접혀서 'Prayer Plant'라고도 한다.

**스트로만테**
*Stromanthe*
칼라데아보다 습도가 더 높은 환경을 좋아한다. 18℃ 이상으로 유지하고 찬물이나 경질의 수돗물을 주지 않는다.

# 무늬 접란

## *Chlorophytum comosum*



무늬 접란은 돌보기가 매우 쉽기 때문에 초보자가 기르기에 적당하다. 공중걸이 화분에 심어 장식하면 좋다.

**해충 관리**
(p.24 – 27 참고)

잎에 깍지벌레, 가루깍지벌레, 응애가 생길 수 있다.

### 이렇게 길러요

**위치**
실내에서 항상 7~24℃를 유지한다.

**빛**
직사광선을 피해 밝은 곳에 둔다.

**물 + 영양**
흙을 촉촉하게 물이 질척이지 않도록 한다. 겨울에는 물을 적게 준다. 겨울을 제외하고 몇 주에 한 번씩 영양제를 준다.

**돌보기**
봄마다 어린 식물을 조금 더 큰 화분에 옮겨심는다. 식물이 성장해서 뿌리가 화분 밖으로 뻗쳐서 물 공급이 잘 안 될 때 분갈이를 해준다. 무늬 접란이 성장하면 새 줄기가 나오는데, 이것을 잘라서 다른 화분에 심어도 된다. 뿌리가 작게 난 상태면 직접 새 흙에 심고, 뿌리가 없다면 뿌리가 나올 때까지 몇 주간 물에 둔다.

**잎끝이 갈색으로 변한다면?**

겨울철 난방 때문에 잎끝이 갈색으로 변하는 경우가 있다. 영양제나 물을 잘 안 줬을 때도 같은 증상이 나타난다.

**이렇게 살려요** 갈색 끝을 잘라내고 시원한 방으로 옮긴다. 주기적으로 영양제를 주고 물을 준다.

**겨울에 잎에 갈색 줄무늬가 나타나면?**

온도가 낮은데 물을 너무 많이 주면 이런 현상이 나타난다.

**이렇게 살려요** 흉한 잎을 제거한다. 겨울에는 물을 덜 줘야 한다. 흙은 촉촉하게 유지한다.

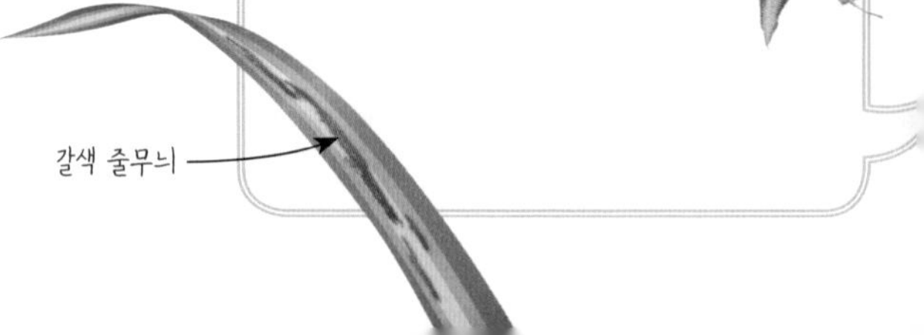

### 잎이 노랗게 변한다면?

뿌리 주변의 흙이 너무 건조하기 때문이며 분갈이할 필요가 있다. 또는 뿌리가 썩었을 수도 있다.

**이렇게 살려요** 보기 흉한 잎을 제거한다. 봄부터 가을까지 물을 잘 준다. 식물이 자라서 화분에 넘칠 정도가 되면 분갈이한다. 뿌리가 썩지 않았는지 확인한다. (p.28-29 식물의 질병 참조)

### 잎이 창백하다면?

강한 햇빛이나 물 부족, 또는 일조량 부족이나 겨울철 낮은 온도 등이 모두 잎을 창백하게 만드는 조건들이다.

**이렇게 살려요** 직사광선이 닿지 않는 곳으로 옮기고 물을 잘 준다. 겨울에는 더 따뜻하고 밝은 방으로 옮긴다.

## 함께 돌보면 좋아요

**스킨답서스**
*Epipremnum*
무늬 접란과 비슷하게 관리해주면 된다. 화분을 타고 줄기가 잘 뻗어 올라간다.

**싱고니움**
*Syngonium podophyllum*
무늬 접란처럼 관리하면 된다. 역시 공중걸이 화분에 매달면 가지가 잘 뻗어 올라가 멋지게 보인다.

# 국화

*Chrysanthemum*

다양한 색상의 꽃이 핀다. 한번 꽃이 피면 몇 주 동안 볼 수 있어 활짝 핀 상태의 꽃을 사도 괜찮다.

**해충 관리**
(p.24 - 27 참고)

진딧물이나 잎나방 벌레, 응애가 잎에 생기기도 한다.

## 이렇게 길러요

**위치**

10~15℃로 유지하면 꽃이 더 오래 간다. 시원한 실내 창가가 좋다.

**빛**

직사광선을 피해 밝고 간접 광이 비치는 곳에 둔다.

**물 + 영양**

국화는 물을 좋아하므로 항상 흙을 촉촉하게 유지한다(질척이지는 않게). 몇 주 후 꽃이 핀 기간에만 영양제를 한 번 주면 된다.

**돌보기**

시든 꽃은 잘라낸다. 화분에 심은 국화는 꽃이 지면 버려지지만, 이것을 정원에 심어도 된다. 보통은 왜소화 호르몬 처리를 해서 판매하는데, 마당에서 정상적인 성장 습성으로 돌아간다면 이듬해 가을에 다시 꽃을 피울 수 있다.

**잎이 시든다면?**

물이 필요하다.

**이렇게 살려요** 물을 주고 흙을 촉촉하게 유지하되 질척이지는 않게 한다.

### 꽃이 오래 가지 않는다면?

기온이 높을수록 꽃이 더 빨리 피고 더 빨리 진다.

**이렇게 살려요** 10~15℃ 정도로 좀 더 시원한 곳으로 옮긴다.

### 잎에 보슬보슬한 회색 곰팡이가 낀다면?

'보트리티스'라 불리는 잿빛 곰팡이는 국화를 셀로판 포장지에 오래 싸두었을 경우 생길 수 있다.

**이렇게 살려요** 곰팡이가 생긴 부위를 잘라내고 살균제 처리를 한다. (p.28-29 식물의 질병 참조)

### 꽃봉오리가 피지 않는다면?

충분한 빛을 쬐지 못했기 때문이다. 봉오리가 완전히 녹색이면 피지 않을 수 있다.

**이렇게 살려요** 밝은 곳으로 옮긴다.

## 함께 돌보면 좋아요

**미니어처 장미**
*Rosa*
꽃이 피어 있는 동안에는 몇 주간 실내에서 견딘다. 꽃이 지면 정원에 심어본다.

**프리뮬라(앵초)**
*Primula vulgaris*
겨울과 봄에 빨간색 꽃이 활짝 펴서 집안을 화사하게 만든다. 개화가 끝나면 정원에 심는다.

# 56 군자란

*Clivia miniata*

남아프리카에서 자생하는 군자란은 이른 봄에 빨강, 노랑, 오렌지색의 예쁜 꽃을 피운다.

## 이렇게 길러요

### 위치

봄부터 늦가을까지 더운 방에 둔다. 겨울에 3개월간 10℃의 방으로 옮겨 쉬게 해주면 꽃봉오리가 맺히기 시작해 이듬해 봄에 다시 꽃이 핀다.

### 빛

간접 광이 비치는 밝은 곳에 둔다.

### 물 + 영양

봄부터 늦가을까지 흙을 촉촉하게 유지한다. 흙이 거의 마르도록 겨울에는 물을 줄인다. 영양제는 봄부터 가을까지 한 달에 한 번씩 주고 겨울에는 주지 않는다.

### 돌보기

가끔 잎을 닦아준다. 꽃이 피거나 꽃봉오리가 맺힐 때는 화분을 옮기지 않는다. 꽃이 지고 난 후 죽은 꽃은 잘라준다. 군자란은 늦여름에 두 번째 꽃을 피울 수 있다. 쾌적한 환경을 좋아하므로 뿌리가 화분 밖으로 뻗어 나가는 경우에만 개화 후 분갈이를 한다.

**잎이 바래거나 갈색 얼룩이 생겼다면?**

잎이 햇볕에 탄 것이다.

**이렇게 살려요** 직사광선을 피해 옮긴다.

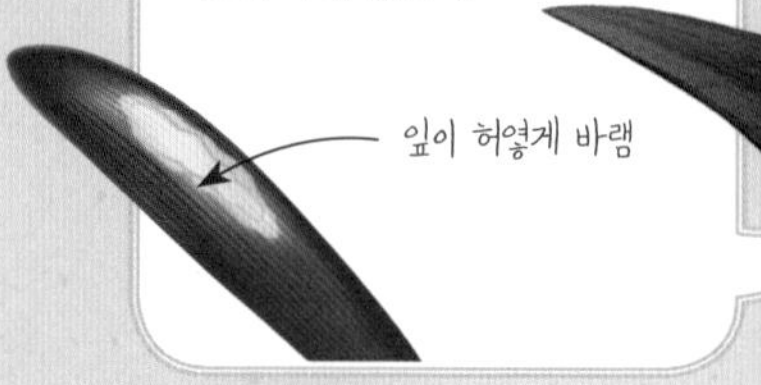


| | |
|---|---|
| **해충 관리** (p.24 - 27 참조) | 잎에 가루깍지벌레와 응애가 생길 수 있다. |

**겉잎이 갈색으로 변했다면?**

오래된 잎이 죽어갈 때 나타나는 현상이다.

**이렇게 살려요** 흔한 일로, 갈색 잎을 가볍게 툭 떼어낸다.

## 잎이 노랗게 된다면?

영양이 부족하거나 물 부족 또는 과잉 때문일 수 있다.

**이렇게 살려요** 계절에 맞게 물과 영양을 공급하고 있는지 확인한다.

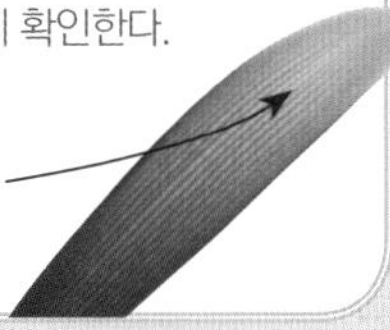


## 꽃대가 짧거나 봄에 꽃이 안 핀다면?

겨울에 휴면하지 않았거나, 화분이 너무 크거나, 휴면 후 물이 부족한 경우에 나타난다.

**이렇게 살려요** 휴면을 취했다면 흙을 촉촉하게 유지한다. 화분이 너무 크지 않은지 확인한다. 뿌리가 하분에서 2~3cm 떨어져 있어야 한다.

# 크라술라

*Crassula ovata*

작은 나무처럼 생긴 다육식물. '머니 플랜트(Money Plant)'라고도 하며 행운을 가져다주는 것으로 알려졌다. 기르기 쉽고 오래 가며 겨울에 꽃을 피운다.

## 이렇게 길러요

### 위치
18~24℃의 햇볕이 잘 드는 창가에 놓는다. 겨울에는 10℃에서 견딜 수 있다.

### 빛
밝고 어른거리는 빛에 둔다.

### 물 + 영양
물은 적당히. 흙이 2~3cm 정도 마를 때마다 물을 주고, 겨울에는 좀 더 적게 준다. 영양제는 봄에 한 번, 여름에 한 번 준다.

### 돌보기
오래되고 주름진 잎을 떼어낸다. 봄에는 가볍게 가지를 정리해서 모양을 만든다. 화분이 너무 작으면 넘어갈 수 있으니 적당한 무게감이 있는 화분에 심는다.

**해충 관리**
(p.24 – 27 참고)

줄기와 잎에 가루깍지벌레가 생길 수 있다.

**잎이 노랗게 된다면?**

물을 너무 많이 주기 때문일 것이다.

**이렇게 살려요** 흙이 마르도록 하고, 화분의 배수가 잘되는지 확인한다.

**잎이 떨어진다면?**

오래된 잎은 쪼그라들어 자연적으로 떨어지지만 어린잎이라도 갑자기 밝은 햇빛에 옮겨지거나 물의 과부족으로 떨어질 수 있다.

**이렇게 살려요** 흙이 매우 건조할 때 물을 주고, 흠뻑 젖으면 건조시킨다. 화분을 옮길 때 식물이 잘 적응하도록 일주일에 걸쳐 원하는 지점으로 조금씩 이동한다.

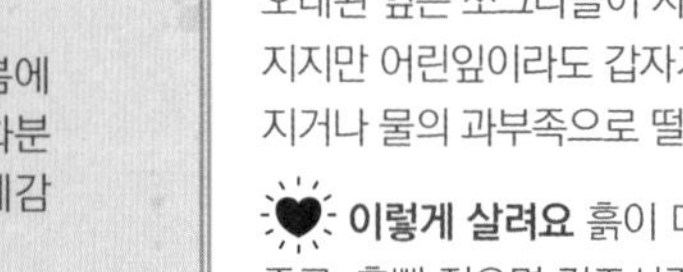

## 잎이 시들고 마른다면?

식물에 물이 부족한 것이다.

**이렇게 살려요** 며칠 동안 매일 조금씩 물을 주면 잎이 다시 통통하게 살아난다. 흙을 흠뻑 젖게 하지 않는다.

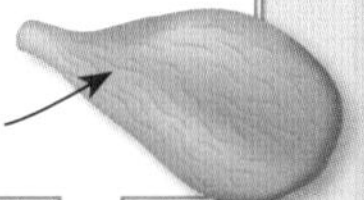

## 줄기가 늘어지면?

햇빛이 필요하다.

**이렇게 살려요** 햇볕이 잘 드는 곳으로 옮긴다.

**크라술라**
높이 & 폭 :
최대 1m

## 함께 돌보면 좋아요

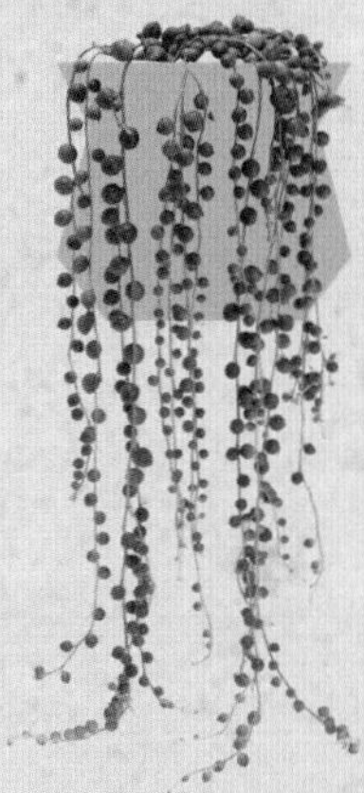

**녹영**
*Senecio rowleyanus*
동글동글한 잎이 귀여운 녹영은 크라술라와 비슷하게 관리한다. 공중걸이 화분이 어울린다.

**러브체인**
*Ceropegia woodii*
크라술라와 비슷한 관리가 필요하다. 공중걸이 화분이 좋다.

# 시클라멘

*Cyclamen persicum*

가을부터 봄까지 밝은 꽃을 보여주는 매력적인 실내식물. 저온 건조한 실내환경에서 잘 견뎌서 겨울에 기르기에 좋다.

## 이렇게 길러요

### 위치

가을에 봉오리 상태로 구입하면 겨울철 서늘한 실내에서 몇 달 동안 꽃을 피운다. 고온을 좋아하지 않지만 너무 추우면 안 되고 10~15℃에 보관하는 것이 가장 좋다.

### 빛

직사광선을 피한다. 북쪽을 향한 창가가 이상적이다.

### 물 + 영양

흙을 촉촉하게 유지하고, 물 받침에 30분 정도 두어 아래에서 물을 준다. (p.18-19 아래에서 주기 참조) 이렇게 하면 잎과 줄기가 젖지 않는다.

### 돌보기

피었다 진 꽃이나 죽은 잎은 조심스럽게 잡아당기거나 잘라낸다. 대부분 꽃을 피운 후 버려지지만 해마다 꽃을 피울 수 있다.

**잎이 노랗게 변한다면?**

너무 따뜻할 때, 물을 너무 많이 주거나 적게 줬을 때, 직사광선에 노출됐을 때 이런 현상이 나타난다. 봄이면 자연스럽게 죽을 것이다.

**이렇게 살려요** 노란 잎을 제거한다. 직사광선을 피하고 15℃가 되는 곳으로 옮긴다. 흙을 촉촉하게 유지하고 아래에서 물을 준다. (p.18-19 아래에서 주기 참조)

### 꽃이 별로 없다면?

시클라멘은 낮은 온도에서 꽃이 가장 잘 핀다. 계절이 끝나가면 개화를 멈춘다.

**이렇게 살려요** 실내 온도가 너무 높지 않은지 확인한다. 가을에 시클라멘을 살 때 꽃봉오리가 많은 것으로 고른다. 만개했던 꽃은 지고 새로운 꽃이 피므로 꽃을 오랫동안 볼 수 있다.

### 식물이 죽는다면?

물을 너무 많이 줘서 덩이줄기가 썩었기 때문일 수 있다.

**이렇게 살려요** 줄기 밑을 살펴서 덩이줄기가 썩지 않았는지 확인한다. 영향을 받는 것들은 모두 제거한다(p.28-29 식물의 질병 참조). 덩이줄기가 썩은 것을 그냥 두면 전체를 죽일 가능성이 있다.

**시클라멘**
높이 : 최대 20cm
폭 : 최대 15cm

### 더 이상 꽃이 안 나온다면?

시클라멘은 시들어서 여름 휴면에 들어간다.

**이렇게 살려요** 개화가 멈추고 봄에 잎이 노랗게 변하면서 시들면 물을 주지 않는다. 흙은 촉촉하게 유지한 채 여름내 건조하고 그늘진 외부에 둔다. 비가 많이 오는 곳에 두었다면 빗물이 빠져나가도록 화분을 옆으로 눕힌다. 가을에 다시 실내로 가져와서 자라나는 것이 보이기 시작할 때 물을 다시 준다.

### 함께 돌보면 좋아요

**아잘레아**
*Rhododendron simsii*
시클라멘과 같은 방법으로 관리한다. 흙을 촉촉하게 유지하고, 물은 연수나 빗물로 준다. 꽃을 잘 피우려면 시원한 곳에 둔다.

# 62 디펜바키아

## *Dieffenbachia*

잎이 무성하기로 유명하다. 영어 이름은 '벙어리 줄기(Dumb cane)'인데, 이름처럼 잎과 줄기에 독이 있어 입에 넣으면 일시적으로 언어 마비가 온다.

### 이렇게 길러요

**위치**
16~24℃의 따뜻한 방에 둔다. 기르기는 약간 까다로운 편인데, 찬 바람이나 건조한 공기를 좋아하지 않는다.

**빛**
여름에는 부분 그늘이 진 곳에 둔다. 겨울에는 더 밝은 곳으로 옮긴다.

**물 + 영양**
봄부터 가을까지 흙 윗부분 2~3cm가 건조해질 때마다 물을 주고, 겨울에는 적게 준다. 영양제는 한 달에 한 번 준다.

**돌보기**
잎에 주기적으로 분무하고, 조약돌을 채운 물 트레이에 놓아 습기를 제공한다. 한 달에 한 번 잎을 닦아준다. 봄에 화분을 갈아준다.

| **해충 관리** (p.24-27 참조) | 잎에 가루깍지벌레가 생길 수 있다. |
|---|---|

**아래쪽 잎이 노랗게 된다면?**

온도가 낮거나 외풍 때문일 수 있다.

**이렇게 살려요** 바람이 안 부는 따뜻한 방으로 옮긴다.

**잎이 창백해진다면?**

너무 밝은 빛이나 직사광선을 쬐면 잎이 물 빠진 것처럼 보인다.

**이렇게 살려요** 식물을 더 그늘진 곳으로 옮긴다.

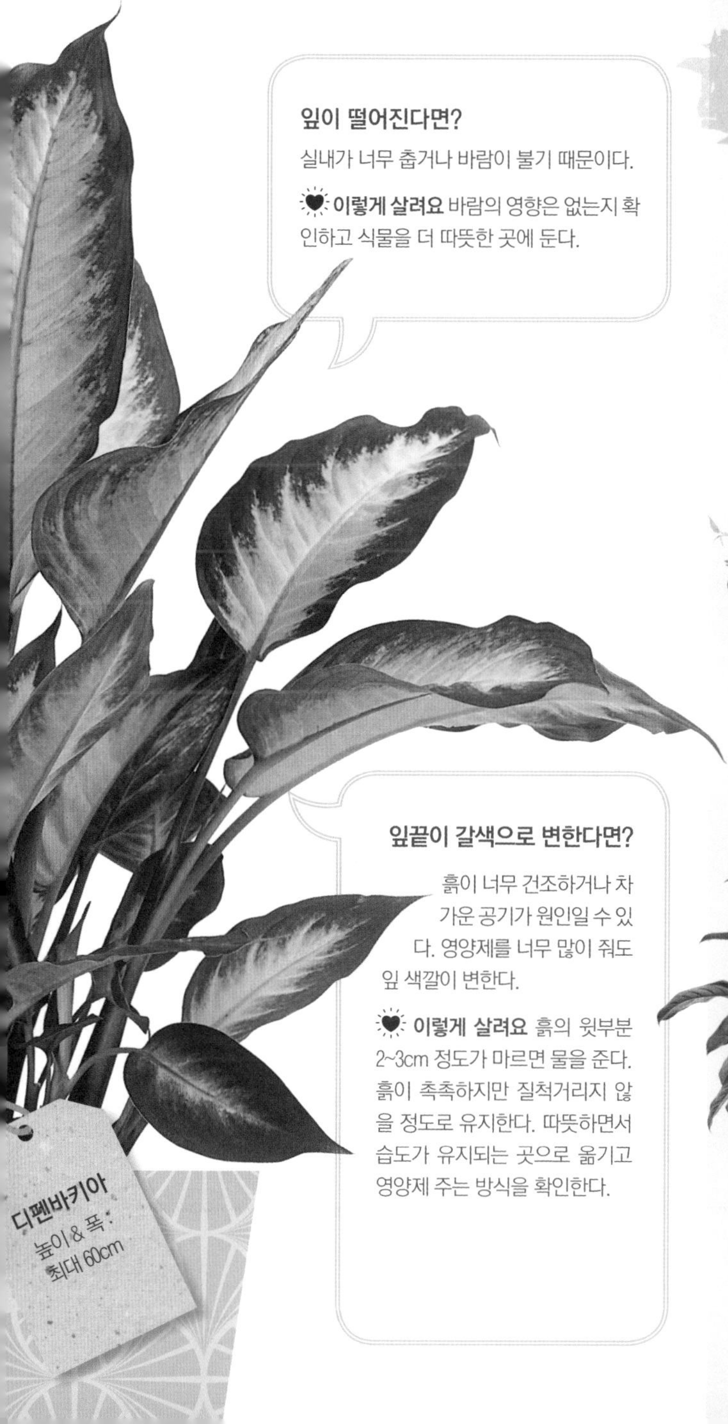


### 잎이 떨어진다면?

실내가 너무 춥거나 바람이 불기 때문이다.

**이렇게 살려요** 바람의 영향은 없는지 확인하고 식물을 더 따뜻한 곳에 둔다.

### 잎끝이 갈색으로 변한다면?

흙이 너무 건조하거나 차가운 공기가 원인일 수 있다. 영양제를 너무 많이 줘도 잎 색깔이 변한다.

**이렇게 살려요** 흙의 윗부분 2~3cm 정도가 마르면 물을 준다. 흙이 촉촉하지만 질척거리지 않을 정도로 유지한다. 따뜻하면서 습도가 유지되는 곳으로 옮기고 영양제 주는 방식을 확인한다.

## 함께 돌보면 좋아요

**하트리프 필로덴드론**
*Philodendron scandens*
기둥을 타고 올라가며 그늘진 곳에서 잘 자란다. 디펜바키아처럼 관리해주면 된다.

**블러싱 필로덴드론**
*Philodendron erubescens*
성장은 느린 편이지만 비슷한 관리가 필요하다. 어릴 때는 잎이 보라색을 띤다.

# 파리지옥

*Dionaea muscipula*



잎이 포충엽으로 되어 있어 파리 같은 곤충이 앉으면 잎이 갑자기 닫히고 완전히 소화까지 시키는 식충 식물이다.

## 이렇게 길러요

**위치**
적당히 따뜻한 실내(7~21℃)의 남쪽 창가에 놓는다. 겨울에는 난방하지 않는 실내(7℃)에서 휴면한다.

**빛**
밝은 햇빛을 공급한다.

**물 + 영양**
성장기에는 흙을 촉촉하게 유지하고(물 트레이에 둔다) 휴면기에도 흙이 마르지 않게 한다. 증류수나 여과수, 빗물을 사용한다. 잡은 곤충에서 영양분을 얻게 되니 영양제는 따로 주지 않는다. 실내에 곤충이 없으면 여름에 며칠 동안 밖에 두어 곤충을 잡게 한다.

**돌보기**
영양분이 적은 혼합토에 심는다. 죽은 잎은 가위로 잘라낸다. 여름에 꽃이 피는데, 식물이 약해질 수 있으므로 꽃은 잘라주는 것이 가장 좋다. 필요한 경우 이른 봄에 다시 화분에 심는다.

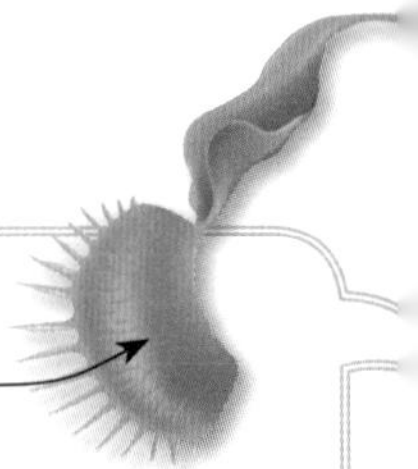


### 잎끝의 포충 부위가 붉은색에서 녹색으로 변한다면?

물주기나 습도가 만족스럽지 않다는 신호다. 빨리 개선하지 않으면 갑자기 죽을 수 있다.

**이렇게 살려요** 잎에 분무를 해서 습도를 높인다. 물주는 방식을 확인한다.

### 잎끝의 포충 부위가 검어졌다면?

가을과 겨울에 휴면기에 들어가면 잎이 죽는 경우가 많다.

**이렇게 살려요** 정상적인 현상이다. 겨울이 지나 식물이 다시 자라게 되면 새로운 잎이 생긴다.

### 잎끝의 포충 부위가 노란색, 갈색, 검은색으로 변한다면?

그늘진 곳에 있다가 갑자기 햇볕이 잘 드는 곳으로 옮기면 이런 일이 발생한다.

**이렇게 살려요** 일주일간 시간을 두고 차츰 밝은 곳으로 옮겨가면서 적응시킨다.

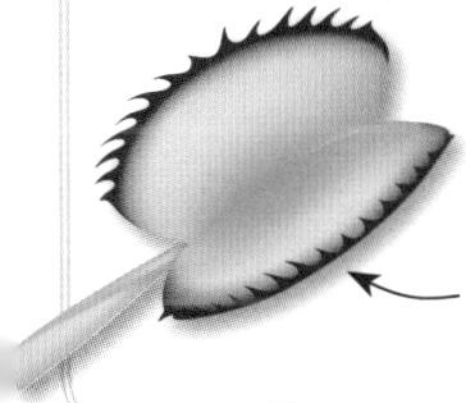


### 곤충이 앉아도 잎이 안 닫힌다면?

호기심 때문에 뾰족한 것으로 자주 찔러보면 스트레스를 받아 안 닫히게 된다.

**이렇게 살려요** 잎 하나마다 4~5번만 닫히므로 잎을 찔러보며 스트레스를 주지 않아야 한다.

### 해충 관리

(p.24 – 27 참고)

진딧물과 응애가 생길 수 있다.

## 함께 돌보면 좋아요

**피처 플랜트**
*Sarracenia*
꽃 가운데로 곤충을 끌어들여서 잡아먹는 식충 식물이다. 파리지옥과 같은 관리를 해주면 된다.

**네펜데스**
*Nepenthes*
다른 식충 식물처럼 붉은색의 주머니에 곤충을 갇히게 해서 잡아먹는다. 파리지옥처럼 관리한다.

# 햇빛을 좋아하는 5가지 식물

직사광선은 대부분 실내식물의 잎을 태우기도 하지만 다육식물을 포함한 일부 식물은 햇빛을 좋아한다. 햇빛에 차츰 적응하도록 하고, 여름에는 한낮의 강한 햇빛을 피해 그늘을 만들어준다. 함께 기르면 멋진 5가지 식물을 소개한다.

## 에케베리아

***Echeveria***

장미 모양이 예쁜 에케베리아는 다른 선인장에 비해 직사광선에 강하다. 노란색, 주황색 또는 분홍색 종 모양의 꽃을 피운다.

**p.72–73 에케베리아 참조**

## 오푼티아

***Opuntia***

선인장은 모양과 크기가 매우 다양하다. 오푼티아는 북미와 중미, 남미의 건조한 지역이 원산지로 밝은 빛을 좋아한다.

**p.98–99 오푼티아 참조**

## 알로에 베라

***Aloe vera***

알로에 베라는 매우 밝은 직사광선에서도 견딜 수 있다. 자라면서 안쪽 속대에서 새 봉오리가 생겨난다.

**p.38-39 알로에 베라 참조**

## 크라술라

***Crassula ovata***

밝은 빛을 좋아하며 직사광선도 어느 정도 견딘다. 처음 구입할 때는 매우 작기 때문에 햇볕이 잘 드는 창가에 적합하다. 수년 동안 이런 상태가 지속되며 매년 겨울에 작은 꽃이 핀다.

**p.58-59 머니 플랜트 참조**

## 파리지옥

***Dionaea muscipula***

밝은 빛과 약간의 직사광선이 필요하다. 곤충이 오목한 잎 가운데 떨어지면 딱딱하게 닫혀 안에 갇힌다.

**p.64-65 파리지옥 참조**

# 행운목(드라세나)

*Dracaena fragrans*

손바닥 모양의 잎처럼 자라는 행운목은 물주기를 불규칙하게 해도 잘 자라는 기르기 편한 실내식물이다.

## 이렇게 길러요

**위치**
13~21℃의 실내에 동향 또는 서향 창문 가까이에 둔다.

**빛**
직사광선을 피한다.

**물 + 영양**
봄부터 가을까지 흙의 윗부분 2~3cm가 마르면 자유롭게 물을 준다. 겨울에는 흙을 촉촉하게 유지한다. 봄부터 가을까지 매월 영양제를 주되 겨울에는 주지 않는다. 물주기가 불규칙해도 어느 정도까지 견딜 수 있다.

**돌보기**
가끔 잎을 닦아주고 죽은 잎은 떼어낸다. 조약돌로 채운 물 트레이 위에 놓아 습기를 제공하고, 일주일에 여러 번 분무해준다.

| | |
|---|---|
| **해충 관리** (p.24–27 참조) | 잎에서 깍지벌레와 가루깍지벌레를 볼 수 있다. |

### 잎이 시든다면?

물을 너무 적게 주거나 너무 많이 준 것일 수 있다. 뿌리가 썩었을지 모른다.

**이렇게 살려요** 물을 제대로 주고 있는지, 화분 배수가 잘되는지 확인한다. 여전히 시들시들하면 뿌리가 썩지 않았는지 확인하고 영향을 받은 부위를 잘라낸다. (p.28–29 식물의 질병 참조)

## 잎이 갈색으로 변한다면?

건조한 공기 때문이겠지만 결국 물이 너무 적다는 것이다.

**이렇게 살려요** 습도를 높이고 계절에 맞게 물을 주고 있는지 확인한다.

## 아래 줄기 잎이 노랗게 변한다면?

오래된 잎은 자연스럽게 노랗게 되고 몇 년 후에 떨어진다.

이렇게 살려요 노랗게 변한 잎을 부드럽게 당겨서 제거한다.

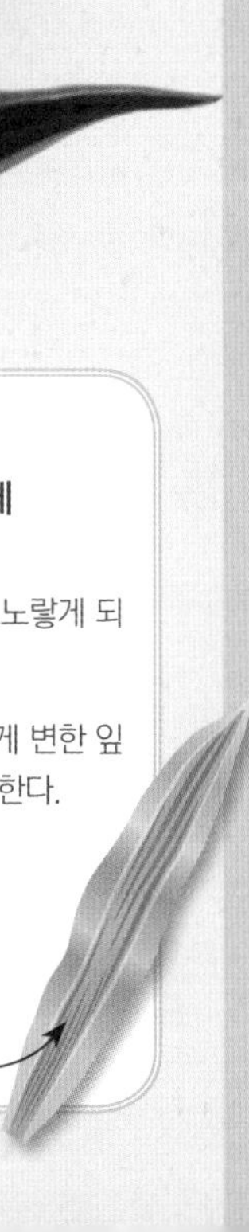


**행운목**
높이 : 최대 1.5m
폭 : 최대 75cm

## 함께 돌보면 좋아요

**드래곤 트리**
*Dracaena marginata*
행운목과 같이 관리해준다. 좁은 공간에 놓기에 좋다.

**송오브인디아**
*Dracaena reflexa*
같은 관리가 필요한 또 다른 종류. 야자 같은 무성한 잎이 중심 줄기 주위에 나선형으로 배열되어 있다.

# 개운죽

*Dracaena sanderiana*

영어로 '럭키 대나무(Lucky Bamboo)'라고 하여 중화권에서는 풍수에 사용된다. 꼬인 줄기 상태로 판매되며 화분 외에 수경재배로 키울 수도 있다.

## 이렇게 길러요

### 위치

16~24℃가 적당하고 겨울에는 10℃ 이하로 유지한다. 외풍이 많은 곳이나 온도 변화가 심한 장소는 피한다.

### 빛

직사광선을 피해 밝은 곳에 둔다.

### 물 + 영양

수돗물의 화학물질에 민감하므로 증류수나 여과수, 또는 빗물을 사용한다. 흙이 약간 건조해졌을 때 물을 주고 겨울에는 줄인다. 영양제는 봄에 한 번, 여름에 한 번 준다. 수경재배할 때는 2개월마다 묽은 농도로 희석한 영양제를 준다.

### 돌보기

2년마다 분갈이한다. 수경재배할 경우 뿌리가 덮일 수 있도록 물 깊이가 최소 5cm는 되어야 한다. 매주 미지근한 물로 갈아준다.

**잎이 갈색으로 변한다면?**

화분재배든 수경재배든 수돗물의 화학물질 때문이거나 실내가 너무 건조하기 때문이다.

**이렇게 살려요** 증류수나 여과수, 빗물을 사용한다. 낮은 습도가 원인이라면 이틀에 한 번씩 잎에 분무를 해준다.

**물속에 조류가 생겼다면?**

물에서 자라는 식물에 생기는 것으로, 수돗물의 화학물질이나 과도한 빛 때문에 발생한다.

**이렇게 살려요** 수조와 조약돌을 청소한다. 수조를 불투명한 용기로 바꾸고 물은 증류수나 여과수를 사용한다. 직사광선이 안 비치는 곳으로 옮긴다.

### 해충 관리

(p.24 – 27 참고)

잎에 가루깍지벌레가 생기기도 한다.

### 잎이 노란색으로 변한다면?

온도 변화나 과도한 햇빛 노출 때문일 수 있다. 또는 물을 너무 많이 주었거나 수경재배의 경우 물에 너무 많이 잠겨도 잎이 노랗게 된다.

**이렇게 살려요** 직사광선을 피하고 온도가 일정한지 확인한다. 급수 방식을 확인하고 필요한 경우 영양제를 줄인다.

### 줄기가 노랗게 변한다면?

물 부족이나 과다 공급, 빛 부족이나 과다한 빛, 온도 변화 등의 요인 중 하나다. 줄기는 잘 회복되지 않는다.

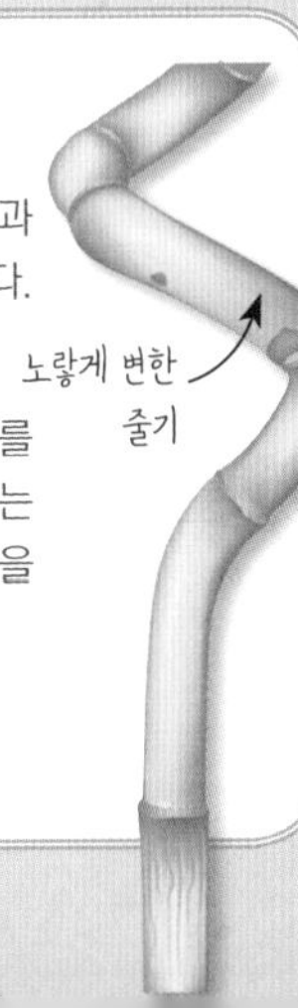


**이렇게 살려요** 영향을 받은 줄기를 곧바로 제거한다. 관수나 영양제 주는 방식을 확인한다. 수경재배일 경우 물을 깨끗한 증류수나 여과수로 바꾼다.

# 72 에케베리아

*Echeveria*

다양한 품종이 있는 다육식물로 줄기 끝에서 긴 꽃대가 올라와 작은 꽃이 핀다.

## 이렇게 길러요

### 위치

10~24℃를 유지한다. 흙이 너무 습하지 않으면 더 낮은 온도에서도 견딜 수 있다.

### 빛

밝은 빛을 많이 받게 한다. 서서히 적응시키면 직사광선을 적당히 받아도 된다.

### 물 + 영양

봄부터 가을까지 흙 윗부분 2~3cm 정도가 마르면 물을 주고, 겨울에는 줄인다. 영양제는 봄 여름에 한 달에 한 번 준다.

### 돌보기

흙 위에 자갈층을 만들어주면 건조함이 유지되고 장식 효과가 좋다. 화분은 너무 큰 것보다는 약간 작은 게 더 좋다. 배수를 위해 심을 때 흙에 원예용 모래를 섞는다. 어린 식물은 성숙한 것보다 더 많은 보살핌이 필요하다. 여름에는 밖에 두고 자연의 바람과 햇볕을 쬐어도 좋다.

**아래쪽 잎이 건조하고 바삭해진다면?**

오래된 잎이 죽어가는 것으로, 걱정할 필요 없다.

**이렇게 살려요** 죽은 잎을 부드럽게 떼어 낸다.

**잎에 흰색이나 갈색 얼룩이 생긴다면?**

햇볕에 타거나 잎에 물방울이 모였기 때문이며 잘못하면 썩을 수 있다.

**이렇게 살려요** 직사광선을 피해 옮긴다. 잎에는 물을 뿌리지 말고, 필요하다면 아래에서 물을 준다. (p.18-19 물 주기 참조)

### 해충 관리

(p.24 - 27 참고)

잎에 가루깍지벌레가 생기기 쉽다. 여름에 밖에 두면 흙 속에 덩굴 바구미가 생기기도 한다.

### 잎이 노랗고 반투명으로 되거나 물러버리게 된다면?

과잉의 징후일 가능성이 크다. 처리하지 않으면 식물이 썩을 수 있다.

**이렇게 살려요** 물주기를 줄이고 흙과 화분의 배수 상태를 확인한다.

### 잎이 쭈글쭈글해진다면?

물이 필요하다.

**이렇게 살려요** 며칠 동안 가볍게 물을 주면 잎이 다시 통통해진다.

## 함께 돌보면 좋아요

**애오니움**
*Aeonium*
짧은 줄기에 장미꽃 잎처럼 잎이 붙는 다육식물로, 에케베리아와 같은 방식으로 관리한다. 다양한 색상이 있다.

**파우카리아**
*Faucaria*
같은 방식으로 관리한다. 가시처럼 보이는 잎 가장자리는 날카롭지 않으므로 특별히 주의하지 않아도 된다.

# 포인세티아

*Euphorbia pulcherrima*

붉은 포엽이 축제 분위기를 내 크리스마스에 돋보인다. 추위에 노출되면 죽을 수 있으니 밖에서 옮길 때는 잘 감싸도록 한다.

## 이렇게 길러요

**위치**
찬 바람이나 난방기부터 떨어진 따뜻하고 밝은 곳에 둔다. 실내 온도는 15~23℃를 유지한다.

**빛**
직사광선을 피해 밝은 곳에 둔다.

**물 + 영양**
흙이 촉촉한 상태를 유지하되 질척거리지 않게 물을 준다. 흙 위 1~2cm가 마를 때마다 물을 주고, 지나친 물을 빼낸다.

**돌보기**
습도를 맞춰주면 빨간 포엽의 색이 더 오래 유지될 수 있다. 특히 난방을 할 때는 조약돌로 채운 물 트레이 위에 올려 습도를 높인다.

| 해충 관리 (p.24–27 참조) | 잎에 가루깍지벌레와 응애가 생길 수 있다. |
| --- | --- |

### 포엽이 창백해진다면?

시간이 지나 오래되면 잎 색깔이 자연히 옅어진다. 햇빛을 충분히 받지 못하거나 너무 뜨거워도 이렇게 된다.

**이렇게 살려요** 밝은 곳으로 옮긴다. 실내가 23℃보다 따뜻하다면 더 시원한 곳으로 옮긴다. 조약돌로 채울 물 트레이에 놓고 잎에 분무를 한다.

### 잎끝이 갈색으로 변한다면?

공기가 너무 건조하다.

**이렇게 살려요** 난방이 잘되는 실내에서는 잎에 물을 자주 뿌려준다.

### 잎이 노랗게 변하면서 떨어진다면?

너무 덥거나 건조한 경우, 빛이나 물이 충분하지 않은 경우 이런 증상을 보인다.

**이렇게 살려요** 난방기 근처에 있는지, 빛이 충분히 밝은지 확인한다. 흙이 마르면 물을 준다. 조약돌을 채운 물 트레이에 놓고 나뭇잎에 분무를 해서 습도를 높이다.

### 새 잎이 나지 않는다면?

잎은 봄에 퇴색하지만 이듬해 다시 꽃피울 수 있다.

**이렇게 살려요** 봄에 10cm 정도로 가지치기하고 분갈이한 다음 물을 준다. 여름에는 15℃ 정도로 서늘하면서 간접 광이 비치는 곳에 둔다. 초가을에는 찬장에 넣어두거나, 10주 동안 매일 밤 14시간 동안 검은색 비닐 봉지로 덮어두고, 낮에는 비닐을 벗긴다. 이렇게 잘 관리하면 크리스마스 무렵에 다시 꽃을 피울 것이다.

### 시들거나 잎이 잘 떨어진다면?

시들면 잎이 떨어진다. 추위나 바람, 물 부족이나 과잉, 또는 갑작스러운 조건 변화 때문에 잎이 떨어지기도 한다.

**이렇게 살려요** 물이 부족할 경우 미지근한 물에 1시간 동안 담근다. 물을 많이 주었다면 뿌리가 썩지 않았는지 확인하고 영향받은 부위를 잘라낸다(p.28-29 식물의 질병 참조). 흙이 다 마르고 나면 물을 준다. 추위에 노출되면 죽기 쉬우므로 외풍이 없는 따뜻한 곳에 둔다.

# 떡갈잎고무나무

*Ficus lyrata*

커다랗고 무성한 잎이 정글 느낌을 준다. 실내에 두면 멋진 분위기를 연출할 수 있다.

## 이렇게 길러요

### 위치

18~24℃의 따뜻한 방, 난방기나 통풍구에서 멀리 떨어진 밝은 곳이 좋다. 겨울에는 13℃ 이하의 온도에 둔다. 자주 옮기는 것은 좋지 않으므로 적절한 장소를 찾으면 그대로 둔다.

### 빛

직사광선이 비치지 않는 밝은 빛에 둔다.

### 물 + 영양

봄부터 가을까지는 흙 윗부분 2~3cm 정도가 건조할 때만 물을 준다. 겨울에는 물을 적게 준다. 영양제는 봄, 여름에 매달 준다.

### 돌보기

먼지가 많이 끼면 잎을 닦아주고, 스프레이로 물을 뿌린다. 여름이나 겨울철 난방을 할 때는 물을 더 많이 뿌려준다. 줄기가 곧게 서지 않으면 지지대를 세워준다. 어릴 때는 매년 봄에 좀 더 큰 화분에 옮겨심고, 성장하면 윗부분 5cm 정도의 흙만 갈아준다.

**해충 관리**
(p.24 – 27 참고)

잎에 가루깍지벌레, 깍지벌레, 응애가 생길 수 있다.

**갑자기 잎이 떨어진다면?**

갑자기 화분을 옮기면 스트레스를 받아 잎이 떨어지기도 한다. 또는 건조한 공기, 물 부족이나 물 과잉, 온도 변화, 외풍 등으로 인해 잎이 떨어질 수 있다.

**이렇게 살려요** 화분을 옮기지 않는다. 옮기지 않았는데도 잎이 떨어진다면 적당한 곳에 두었는지 관리는 잘되고 있는지 점검한다.

### 잎이 갈색으로 변한다면?

습도가 낮거나, 물주기가 적절치 않거나 불규칙하기 때문일 것이다.

**이렇게 살려요** 난방을 하는 계절에는 잎에 주기적으로 물을 뿌려준다. 뿌리 전체가 젖어있지 않는지도 확인한다.

### 잎에 어두운 반점이 생긴다면?

햇볕에 타면 잎에 작은 검은 반점이 생긴다.

**이렇게 살려요** 직사광선을 피해 옮긴다. 잎에 반점이 생기면 영향을 받은 잎을 제거하고 살균제로 처리한다.
(p.28-29 식물의 질병 참조)

## 함께 돌보면 좋아요

**벤자민 고무나무**
*Ficus benjamina*
떡갈잎고무나무처럼 관리한다. 외풍과 난방기에서 멀리 두고 가능하면 옮기지 않는다.

**고무나무**
*Ficus elastica*
떡갈잎고무나무보다 관리가 더 쉽다. 잎을 자주 닦아주면 좋고, 물은 너무 많이 주지 않는다.

# 78 피토니아

*Fittonia*

페루 열대우림에서 자생하는 피토니아는 잎을 보기 위해 기르는 경우가 많다. 붉은 잎맥이 특색 있다.

## 이렇게 길러요

### 위치

따뜻한 환경을 좋아하므로 15~23℃의 실내에 둔다. 온도만 맞는다면 욕실이나 주방에 두는 게 더 좋다. 피토니아는 테라리엄에서 키우는 게 더 좋다.

### 빛

밝은 햇빛을 좋아하지 않는다. 창가는 너무 밝으니 반그늘에 둔다.

### 물 + 영양

봄부터 가을까지는 흙 아래 1cm 정도가 건조해지면 미지근한 물로 충분히 물을 준다. 넘치는 물은 빠져나가게 하고, 겨울에는 물을 적게 준다. 추운 곳에 두거나 흙이 젖어있지 않게 한다.

### 돌보기

조약돌로 채운 물 트레이에 놓고 매일 잎에 분무를 해 충분한 습도를 유지한다.

**해충 관리**
(p.24 – 27 참고)
진딧물이 꼬이기 쉽다.

### 갑자기 죽는다면?

흙이 너무 건조하면 갑자기 죽는 경향이 있다.

**이렇게 살려요** 물을 잘 주고 잎에 물을 뿌려준다. 올바르게 물을 줘야 한다. 오랫동안 흙이 마르면 회복이 쉽지 않다.

### 잎이 갈색으로 변한다면?

습도가 낮기 때문이다.

**이렇게살려요** 잎에 주기적으로 분무하고, 조약돌로 채운 물 트레이 위에 놓는다.

### 잎이 노랗게 변한다면?

물을 너무 많이 주기 때문이다.

**이렇게 살려요** 피토니아는 수분을 좋아하지만 흙이 질척한 것은 안 좋다. 누렇게 변한 잎을 떼어내고 흙이 마를 때만 물을 준다.

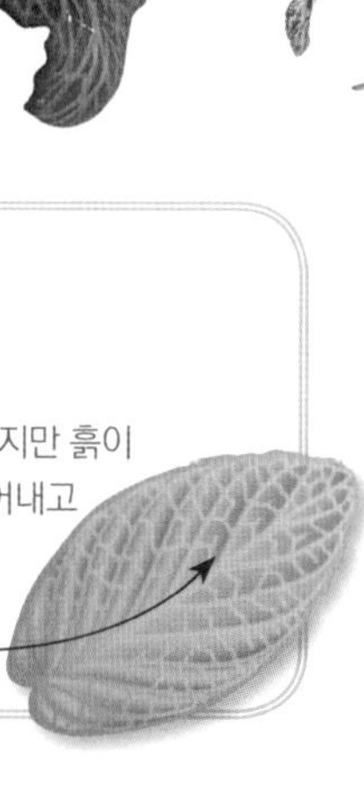

누렇게 변한 잎

## 함께 돌보면 좋아요

**기누라**

*Gynura aurantiaca*

벨벳 같은 잎을 쓰다듬는 사람들이 많은데, 식물에는 좋지 않다. 피토니아와 비슷한 관리가 필요하지만 피토니아보다 밝은 빛을 좋아한다.

**히포에스테스**

*Hypoestes*

피토니아와 비슷한 관리가 필요하지만 피토니아보다 밝은 빛을 좋아한다. 테라리엄에 키우면 좋다.

# 80 아이비

*Hedera helix*

다른 실내식물들과 달리 서늘한 환경에서 가장 잘 자라므로 좀 더 온도 낮은 공간을 장식하는 용도로 키운다.

## 이렇게 길러요

**위치**

서늘하거나 추운 곳 (2~16℃)에 둔다. 기둥을 타고 올라가게 하거나, 달아매는 화분 또는 선반 위의 화분에 놓으면 좋다. 열이 미치지 않는 현관이나 복도에 두는 것도 괜찮다.

**빛**

밝은 간접 광이 좋다. 단일 색 품종은 빛이 덜 비치는 곳에 둬도 된다.

**물 + 영양**

봄부터 가을까지 흙을 촉촉하게 유지하되 질척거리지 않도록 한다. 흙의 윗부분 2~3cm 정도가 마르면 물을 주고, 겨울에는 적게 준다. 영양제는 봄, 여름에 매달 준다.

**돌보기**

따뜻한 날에는 분무기로 물을 준다. 뿌리가 자라서 화분에 가득 찰 정도가 되면 봄에 분갈이한다.

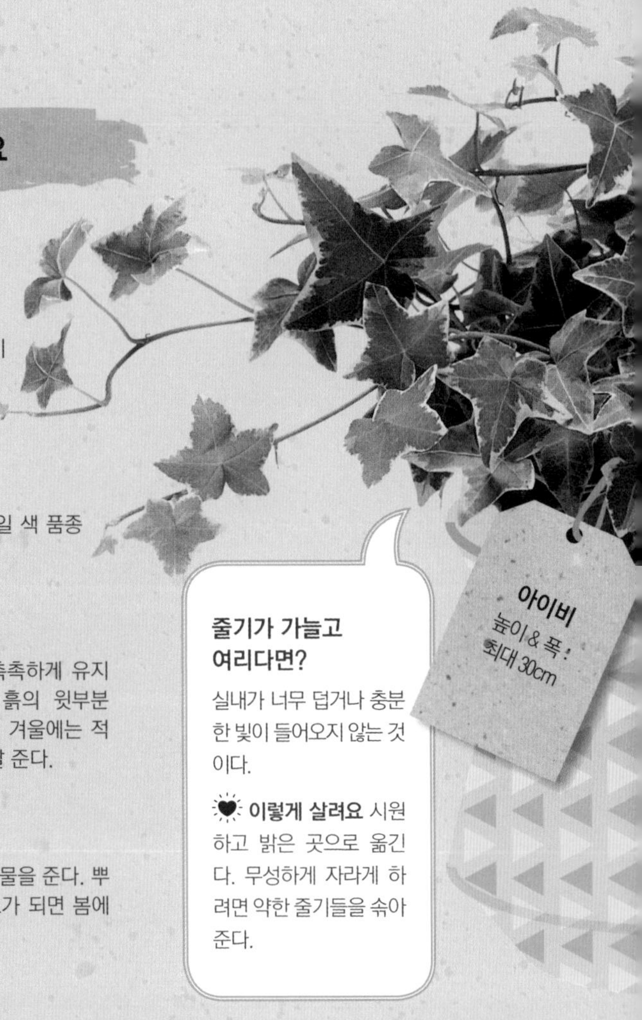


**줄기가 가늘고 여리다면?**

실내가 너무 덥거나 충분한 빛이 들어오지 않는 것이다.

**이렇게 살려요** 시원하고 밝은 곳으로 옮긴다. 무성하게 자라게 하려면 약한 줄기들을 솎아 준다.

### 잎끝과 가장자리가 갈색으로 변한다면?

주변 공기가 너무 따뜻하고 건조할 때 발생한다.

**이렇게 살려요** 난방을 하거나 날씨가 따뜻할 경우 잎에 분무를 해주거나 화분을 좀 더 시원한 곳으로 옮긴다.

### 잎의 무늬가 사라져서 모두 녹색이 되었다면?

빛이 충분하지 않은 것이다.

**이렇게 살려요** 더 밝은 곳으로 옮긴다.

| **해충 관리** (p.24 – 27 참조) | 응애가 생길 수 있다. |
| --- | --- |

## 함께 돌보면 좋아요

**무늬 식나무**
*Aucuba japonica*
아이비와 같은 방법으로 관리한다. 현관이나 복도 같은 시원한 장소에 적합하다.

**팔손이**
*Fatsia japonica*
사철 푸른 잎을 볼 수 있는 실내식물. 아이비와 같은 방법으로 관리한다.

# 아마릴리스

*Hippeastrum*

재배용 키트로 판매되는 이 구근 식물은 잘 관리만 하면 매년 화려한 꽃을 피운다.

## 이렇게 길러요

### 위치

20℃의 밝은 곳에 두고 외풍의 영향을 받지 않도록 한다. 꽃이 핀 후 시원한 곳으로 옮기면 꽃을 좀 더 오래 볼 수 있다.

### 빛

밝은 빛에 놓고 직사광선을 피한다.

### 물 + 영양

흙을 촉촉하게 유지하되, 물이 질척하지 않도록 한다. 영양제는 한 달에 한 번 준다.

### 돌보기

수경재배용 또는 흙재배용 키트로 판매되는데, 가을이나 겨울에 심을 때 화분이 뿌리에 비해 너무 크지 않도록 한다. 흙은 다목적용을 사용하고 배수용 펄라이트를 첨가한다. 뿌리를 다 파묻지 말고 흙 위로 조금 나오도록 심는다. 심은 지 6~8주 후에는 꽃을 피운다. 주기적으로 화분을 돌려줘서 고루 빛을 쬐게 하면 잘 자란다.

**해충 관리**
(p.24 - 27 참고)

잎 위나 아래, 또는 주변에 가루깍지 벌레가 생길 수 있다.

**더 이상 꽃이 안 핀다면?**

아마릴리스 꽃은 봄에 져서 다음 겨울이나 봄에 다시 꽃을 피운다.

**이렇게 살려요** 꽃이 지고 나면 꽃대를 뿌리 위 5cm쯤에서 잘라내고 평소처럼 영양제와 물을 준다. 여름에는 밖에 둬도 좋고, 초가을에는 10~13℃의 실내에서 휴면하게 한다. 이때부터 8~10주간 영양제는 멈추고 물도 줄인다. 이 기간이 지나면 흙 윗부분 5cm 정도를 갈아주고 따뜻한 실내로 다시 들여온 다음 이전과 같이 영양제와 물을 준다. 그러고 나서 6~8주 뒤에 다시 꽃이 핀다.

### 꽃이 더디게 핀다면?

실내가 너무 서늘할 경우 꽃이 더디게 핀다.

**이렇게 살려요** 따뜻한 곳(약 20℃)으로 옮긴다. 흙이 너무 습하지 않는지 확인한다.

### 다음 겨울에는 꽃이 안 핀다면?

적절한 조건에서 충분히 휴면하지 못했기 때문일 수 있다.

**이렇게 살려요** 휴면기가 8~10주이고 충분한 빛과 올바른 관리를 했는지 확인한다.

# 켄차 야자

*Howea fosteriana*



켄차 야자는 돌보기가 쉽고 실내에 두면 우아한 분위기를 풍겨 19세기부터 실내식물로 사랑받아 왔다.

## 이렇게 길러요

**위치**
18~24℃의 온도를 유지하고 겨울에는 최저 12℃를 유지한다. 습기를 좋아하므로 난방기에서 멀리 떨어진 곳에 둔다.

**빛**
밝지만 간접 빛에 둔다. 직사광선은 잎을 태울 수 있다.

**물 + 영양**
봄 여름에는 흙이 건조해지면 물을 촉촉하게 준다. 겨울에는 물을 줄인다. 영양제는 봄, 여름에 매달 준다.

**돌보기**
잎을 주기적으로 닦아준다. 미지근한 물을 뿌려주고 여름에 비를 맞게 해도 좋다. 흙 위로 뿌리가 드러나거나 배수구 밑으로 삐져나올 때만 분갈이를 한다. 주기적으로 잎에 분무를 해줘서 습도를 맞춘다.

**잎이 갈색으로 변한다면?**

공기가 너무 건조하거나 너무 차가울 경우. 간혹 물이 부족해도 이런 현상이 나타난다.

**이렇게 살려요** 난방기 근처에 있다면 멀리 옮긴다. 온도가 너무 낮거나 물이 부족하지 않은지 확인하고, 갈색으로 변한 부분보다 넉넉히 가위로 잘라낸다.

### 해충 관리

(p.24 – 27 참고)

잎에 가루깍지벌레나 깍지벌레, 응애가 생길 수 있다.

### 잎에 윤기가 없다면?

습도가 낮으면 잎에 윤기가 없다.

**이렇게 살려요** 난방기에서 멀리 두고 잎에 자주 물을 뿌려준다.

### 잎이 누렇게 변한다면?

오래된 잎은 시간이 지나면서 누렇게 변하기도 한다. 전체적으로 누렇게 된다면 물이 부족하다는 신호다.

**이렇게 살려요** 관수 방식을 확인한다.

### 잎이 갈색으로 변한다면?

오래되고 낮은 잎은 자연적으로 갈색으로 변하고 죽지만, 물을 너무 많이 주지 않았는지 확인한다.

**이렇게 살려요** 전지가위를 사용해 아래 줄기에서 보기 흉한 갈색 잎을 잘라낸다. 물주는 방식을 확인한다.

## 함께 돌보면 좋아요

**테이블 야자**
*Chamaedorea elegans*
켄차 야자처럼 키우기 쉽다. 크기가 작아서 약 1m에 불과하다.

**아레카 야자**
*Dypsis lutescens*
비슷한 관리가 필요한 또 다른 야자류다. 빛과 약간 습한 환경을 좋아한다.

# 욕실에 두기에 좋은 5가지 식물

식물은 욕실에 무성하고 푸르른 느낌을 더해준다. 식물 중에는 욕실의 높은 습도를 좋아하는 것들이 많다. 여기 소개하는 5가지 식물이 대표적이다.

## 피토니아

***Fittonia***

열대우림 식물인 피토니아는 잎맥이 특히 아름답다. 높은 습도를 좋아해 욕실에 두기에 적합하다. 부분적으로 그늘진 곳에 둔다.

p.78-79 피토니아 참조

## 아디안툼

***Adiantum raddianum***

욕실의 습한 환경을 좋아하는 또 다른 식물. 가볍고 섬세한 잎이 사랑스럽다.

p.32-33 아디안툼 참조

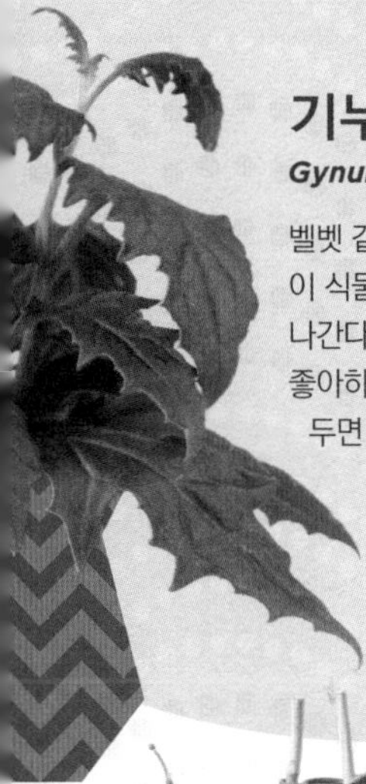

## 기누라
***Gynura aurantiaca***

벨벳 같은 부드러운 잎이 특징인 이 식물은 자라면서 가지가 뻗어 나간다. 습기와 밝은 빛을 좋아하므로 욕실 창문에 두면 좋다.

**p.79 기누라 참조**

## 보스턴 고사리
***Nephrolepis exaltata***

습도가 높은 곳에서 잘 자라 욕실에 적합하다. 아치형 잎이 공중걸이 화분에서 특히 멋지게 보인다.

**p.96-97 보스턴 고사리 참조**

## 호야
***Hoya carnosa***

꽃향기가 저녁 목욕 시간에 완벽한 휴식을 제공한다. 많은 빛과 습도를 좋아하므로 욕실의 밝은 곳에 두는 것이 좋다.

**p.88-89 호야 참조**

# 호야

*Hoya carnosa*



기둥을 타고 올라가는 호야는 꽃이 아름답고 저녁에 꽃에서 향기가 난다. 잎이 가장자리가 크림색을 띠는 것도 특색있다.

## 이렇게 길러요

### 위치

18~24℃에서 키우고 겨울철에는 10℃ 이상으로 유지한다. 지지대를 세워서 타고 올라가게 한다. 성장이 빠르므로 충분한 공간이 필요하다.

### 빛

잎을 태울 수 있으므로 직사광선이 닿지 않는 밝은 곳에 둔다.

### 물 + 영양

봄부터 가을까지 흙 윗부분 2~3cm가 마르면 물을 준다. 흙은 촉촉하지만 질척거리지 않게 하고, 겨울에는 건조한 듯하게 관리한다. 영양제는 봄부터 늦여름까지 매달 준다.

### 돌보기

배수가 잘되는 흙을 사용하고, 조약돌로 채운 물 트레이 위에 놓아 습기를 준다. 잎에 물을 뿌리고 더운 방에서는 더 자주 뿌린다. 꽃봉오리가 맺히거나 꽃이 피었을 때는 분무나 이동, 분갈이를 하지 않는다. 매해 봄에는 흙을 5cm 정도 바꿔준다. 뿌리가 화분에 꽉 찰 경우에만 분갈이한다. 이듬해 다시 꽃이 피므로 줄기 끝이나 꽃줄기를 자르지 않는다.

### 꽃봉오리가 떨어진다면?

흙이 너무 건조하거나 젖었을지 모른다. 꽃봉오리가 맺힐 때 이동하거나 화분에 심는 경우에도 이런 현상이 나타난다.

**이렇게 살려요** 꽃봉오리가 맺히거나 꽃이 피는 동안 식물을 옮기지 않는다. 급수 방식을 확인한다.

### 꽃이 안 핀다면?

빛을 충분히 못 보면 꽃이 안 핀다. 빛을 덜 받아도 살 수는 있지만 꽃은 잘 피지 않는다. 꽃줄기를 제거했을 경우에도 꽃이 안 핀다.

**이렇게 살려요** 밝은 곳으로 옮긴다. 각 줄기에서 몇 년간 꽃이 계속 나오기 때문에 끝을 자르지 말고 시든 꽃이 저절로 떨어지게 놔둔다.

### 해충 관리

(p.24 – 27 참고)

가루깍지벌레, 가루 이, 깍지벌레, 진딧물이 생길 수 있다.

### 꽃에서 진액이 떨어진다면?

벌을 끌어들이기 위해 꽃에서 꿀이 생산되는 것으로 흔한 현상이다.

**이렇게 살려요** 신경 쓰지 않는다.

## 함께 돌보면 좋아요

**호야 벨라**

***Hoya bella***

호야와 비슷하게 관리해준다. 호야보다 더 높은 온도를 좋아한다 (겨울에는 16℃ 이상).

### 잎이 떨어지거나 검게 변한다면?

물을 너무 많이 줬거나 겨울 추위 때문일 수 있다.

**이렇게 살려요** 흙이 물에 젖지 않았는지 확인하고 물을 더 적게 준다. 너무 추운 곳이라면 화분을 옮긴다.

# 90 칼랑코에

*Kalanchoe blossfeldiana*

이 다육식물은 일 년 내내 판매된다. 빨강, 노랑, 분홍, 주황, 흰색의 꽃을 오래 볼 수 있다.

**해충 관리**
(p.24 – 27 참고)

잎에 가루깍지벌레와 응애가 생길 수 있다.

## 이렇게 길러요

### 위치
18~24℃가 적당하다. 겨울에는 10℃ 이상 유지한다.

### 빛
밝은 빛을 쬐게 한다. 직사광선에 두는 것도 괜찮다. 봄, 여름에는 동쪽이나 서쪽 창문에 가깝게, 겨울에는 남향 창문에 가깝게 둔다.

### 물 + 영양
흙의 윗부분 2~3cm가 마르면 물을 주고 겨울에는 덜 준다. 화분에 배수가 잘되도록 하고 흙이 축축하게 젖어있지 않도록 한다. 꽃을 피운 뒤에는 영양제를 봄, 여름에 한 달에 한 번 준다.

### 돌보기
개화 후 진 꽃의 줄기는 모두 잘라준다. 보통 개화 후에 통째로 버리는 경우가 많은데 관리만 잘해주면 다시 꽃을 피울 수 있다.

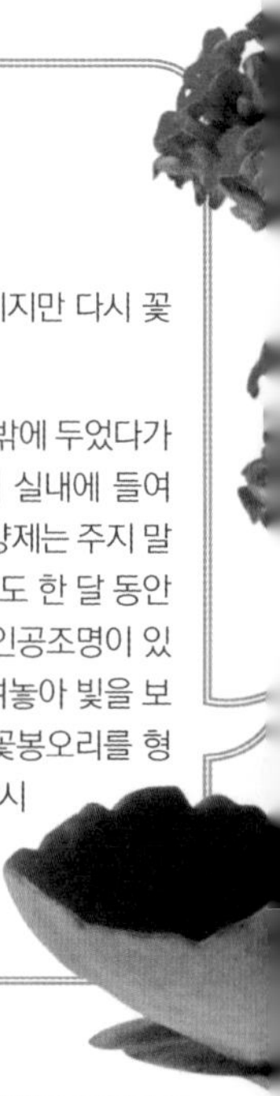

### 더 이상 꽃이 안 핀다면?
꽃이 피고 8주 정도 지나면 꽃이 지지만 다시 꽃을 피울 수 있다.

**이렇게 살려요** 여름에 식물을 밖에 두었다가 기온이 떨어지기 시작하는 가을에 실내에 들여와 서늘하고 밝은 장소에 둔다. 영양제는 주지 말고 물을 적게 준다. 그런 다음 적어도 한 달 동안 매일 밤 14시간씩 어둡게 해준다. 인공조명이 있는 방이라면 매일 저녁 찬장에 들여놓아 빛을 보지 않게 한다. 8주쯤 뒤에 식물이 꽃봉오리를 형성하면 영양제를 주고 물주기를 다시 시작한다.

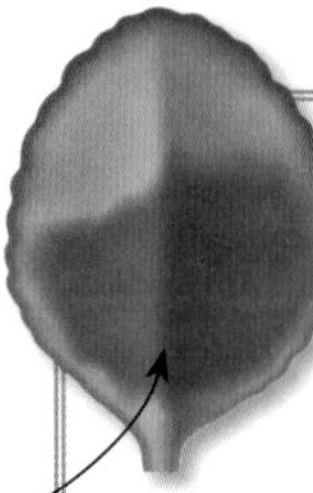

갈색 얼룩

### 잎에 갈색 얼룩이 생겼다면?
햇볕에 탄 것이다.

**이렇게 살려요** 직사광선을 덜 받는 곳으로 옮긴다.

### 잎 가장자리가 붉은색이 되었다면?

잎이 햇볕을 받아 빨간색으로 변하는 것이므로 걱정할 필요 없다.

**이렇게 살려요** 햇볕을 쬐는 건 좋지만 잎이 타지 않도록 조심한다.

### 시들었다면?

너무 춥거나 물을 너무 적게 또는 많이 주었을 경우 식물이 시드는 수가 있다.

**이렇게 살려요** 좀 더 따뜻한 곳으로 옮긴다. 추운 밤에는 창가에서 멀리 떨어지고 외풍이 없는 곳으로 옮긴다. 관수 방식도 확인해본다.

## 함께 돌보면 좋아요

**칼란디바**
*Kalanchoe Calandiva® series*
칼랑코에의 한 종류로 장미 모양의 겹꽃이 핀다. 칼랑코에와 똑같은 방식으로 관리해준다.

### 줄기가 갈색, 검은색으로 변하거나 물러진다면?

물을 많이 줘서 줄기가 썩었기 때문이다.

**이렇게 살려요** 영향을 받는 부위를 제거한다. (p.28-29 식물의 질병 참조)

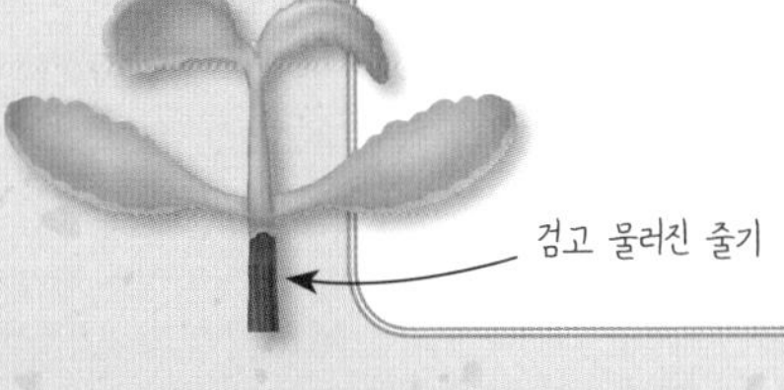

# 미모사

*Mimosa pudica*

미모사는 건드리면 줄기가 처지고 잎이 오므라드는 매력적인 식물이다. 밤에도 잎이 오므라든다.

## 이렇게 길러요

### 위치
18~24℃를 유지하고 겨울에는 15℃ 이상을 유지한다.

### 빛
직사광선을 포함해 밝은 빛을 충분히 제공한다.

### 물 + 영양
흙을 촉촉하지만 눅눅하지 않게 유지한다. 겨울에는 살짝 촉촉한 게 좋다. 영양제는 봄, 여름에 한 달에 한 번 준다.

### 돌보기
미모사같이 민감한 식물은 습기를 좋아한다. 조약돌을 채운 물 트레이에 놓아 습기를 준다. 흔히 키트로 판매하지만 씨앗을 심어도 잘 자란다. 여름에는 예쁜 핑크빛 꽃이 핀다.

| 해충 관리 (p.24–27 참조) | 응애가 생길 수 있다. |
|---|---|

### 만졌을 때 느리게 오므라든다면?

너무 많이 만지면 그럴 수 있다. 만지고 나서 잎이 펼쳐지는 데는 30분 정도 걸린다.

**이렇게 살려요** 만지지 말고 잠시 휴식을 취하게 한다. 회복될 때까지 몇 주가 걸리기도 한다.

### 길고 가늘게 자란다면?

정상적인 현상이다. 미모사는 시간이 지남에 따라 매력이 떨어지고, 대부분 꽃이 지고 나면 가을에 버리는 경우가 많다.

**이렇게 살려요** 적당한 크기로 잘라도 되고, 봄에 새로 심거나 구입한다.

### 건드리지 않았는데 잎이 오므라든다면?

바람에 흔들려도 반응하는 경우가 있다. 밤에도 자연스럽게 접힌다.

**이렇게 살려요** 그냥 놔둔다.

### 잎이 노랗게 변하거나 떨어진다면?

너무 추우면 이렇게 된다.

**이렇게 살려요** 더 따뜻한 곳으로 옮긴다.

# 몬스테라

*Monstera deliciosa*

커다랗고 갈라진 잎이 열대 정글 식물 같은 느낌을 준다. 반그늘 식물이므로 실내에 키우면 좋다.

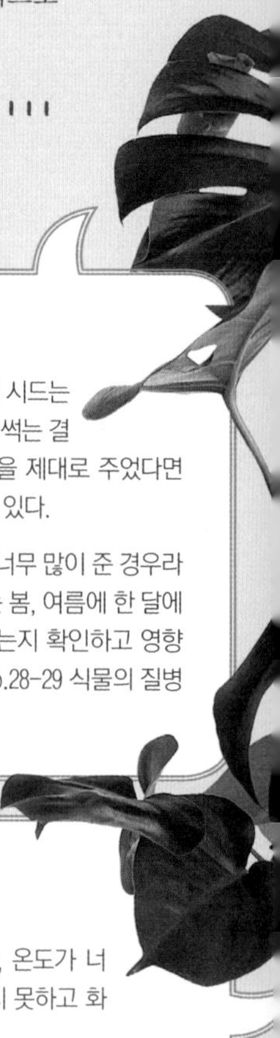

## 이렇게 길러요

**위치**
10~24℃에서 살지만 18℃ 이상이 최적이다. 꽤 커질 수 있으므로 공간이 넉넉해야 한다.

**빛**
창문에서 몇 미터 떨어진 밝은 곳에 둔다. 직사광선을 피한다.

**물 + 영양**
흙의 윗부분이 약간 마르면 물을 주고, 영양제는 봄과 여름에 한 달에 한 번 준다.

**돌보기**
잎을 가끔 닦아서 먼지가 없도록 하고 주기적으로 잎에 물을 뿌려준다. 키가 75cm 정도로 자라면 지지대가 필요하다. 흙 위로 드러난 긴 기근(공중 뿌리)은 흙이나 기둥 속에 집어넣는다. 어릴 때 봄마다 분갈이를 하고, 너무 커져서 쉽게 분갈이할 수 없을 때는 윗부분에서 5cm 정도의 흙을 새 흙으로 갈아준다.

### 잎이 누렇게 된다면?

지나친 급수는 특히 잎이 시드는 가장 큰 원인이며 뿌리가 썩는 결과를 가져올 수 있다. 물을 제대로 주었다면 영양제가 필요한 것일 수 있다.

**이렇게 살려요** 물을 너무 많이 준 경우라면 물을 줄인다. 영양제는 봄, 여름에 한 달에 한 번 준다. 뿌리가 썩었는지 확인하고 영향받은 뿌리는 제거한다. (p.28-29 식물의 질병 참조)

### 잎끝과 가장자리가 갈색으로 변한다면?

공기나 흙이 건조하거나, 온도가 너무 낮거나, 뿌리가 자라지 못하고 화분에 꽉 차 있는 경우다.

**이렇게 살려요** 방이 너무 따뜻하고(24℃ 이상) 건조하다면 조약돌로 가득 채운 물 트레이에 놓고 잎에 주기적으로 물을 뿌린다. 난방기 근처에 있으면 멀리 옮긴다. 방이 너무 춥지 않은지도 확인한다. 뿌리가 너무 자랐을 경우 분갈이한다.

### 식물에서 물이 떨어진다면?

흙이 너무 젖어있으면 잎에서 물이 떨어지는 경우가 있다.

**이렇게 살려요** 물주는 간격을 늘린다. 흙이 약간 말라 있을 때 주는 게 적당하다.

### 해충 관리

(p.24 - 27 참고)

잎 뒷면에 가루깍지벌레가 생길 수 있다.

### 갈라진 잎이 나오지 않는다면?

어린 식물이나 새로운 줄기에서는 갈라진 잎이 나오지 않고, 성숙한 줄기에서만 갈라진 잎이 나온다.

**이렇게 살려요** 어린 식물이라면 인내심을 갖고 지켜본다. 식물이 18℃ 이상의 좋은 위치에 있고 물과 영양제를 제대로 주고 관리하고 있는지 확인한다.

**몬스테라**
높이 & 폭 : 최대 1.8m

## 함께 돌보면 좋아요

**필로덴드론 비핀나티피둠**
*Philodendron bipinnatifidum*
몬스테라와 같은 관리가 필요한 식물. 충분한 공간이 필요하다.

**몬스테라 오블리쿠아**
*Monstera obliqua*
잎에 특이한 타원형 구멍이 난 이 식물은 몬스테라와 같은 관리가 필요하다.

# 보스턴 고사리

## *Nephrolepis exaltata* 'Bostoniensis'

양치류에 속하며 넓고 아치형의 잎줄기가 우아하게 뻗어나가는 것이 특징이다. 받침대 위에 놓거나 공중걸이 화분에 놓으면 멋지게 보이다.

### 이렇게 길러요

**위치**
습도 높은 환경을 좋아해 욕실에 두면 좋다. 실내 온도를 10-21℃로 유지한다.

**빛**
빛을 좋아하지만 직사광선이 잎을 태울 수 있으므로 간접 광을 쬐게 한다.

**물 + 영양**
흙을 항상 촉촉하게, 젖어있지는 않게 유지한다. 영양제는 봄부터 가을까지 한 달에 한 번 준다.

**돌보기**
조약돌로 채운 물 트레이에 올려놓고, 여름에는 며칠마다 잎에 분무한다. 죽은 잎은 잘라준다. 뿌리가 화분에 가득 찰 경우 봄에 분갈이 한다.

| **해충 관리** (p.24-27 참조) | 잎에 깍지벌레, 가루깍지벌레, 응애가 생길 수 있다. |
|---|---|

### 잎이 창백하다면?

영양제가 필요한 경우, 또는 너무 밝은 곳에 둔 경우 발생한다.

**이렇게 살려요** 봄부터 가을까지 한 달에 한 번 영양제를 준다. 필요한 경우 더 그늘진 곳으로 옮긴다.

### 갈라진 잎끝이 갈색으로 변하거나 죽는다면?

일부 오래된 잎은 자연적으로 죽지만 전체적으로 이런 증상이 나타나면 공기가 너무 건조하거나 물이 충분하지 않은 것이다.

**이렇게 살려요** 조약돌로 채운 물 트레이에 세워두고 며칠마다 잎에 물을 뿌려 습도를 높인다. 흙이 적당히 축축한지 확인한다.

### 갈라진 잎이 노랗게 변한다면?

공기가 너무 건조하거나 너무 따뜻한 경우다.

**이렇게 살려요** 잎에 주기적으로 물을 뿌려주고 필요한 경우 실내 온도를 낮춘다.

## 함께 돌보면 좋아요

**아스플레니움**
*Asplenium nidus*
보스턴 고사리와 비슷한 조건이 필요하지만 빛이 적어도 잘 자란다. 윤기가 나도록 잎을 닦아준다.

**실버 레이디**
*Blechnum gibbum*
비슷한 조건에서 관리한다. 건조한 공기에 잘 견디며 물은 경수보다 연수를 더 좋아한다.

# 오푼티아

*Opuntia*

선인장의 종류마다 다양한 모양을 자랑한다. 오푼티아는 주변에서 흔히 볼 수 있는 품종이다.

## 이렇게 길러요

### 위치

13~29℃의 따뜻한 곳에 둔다. 겨울에 꽃을 잘 피우게 하려면 더 시원한 곳으로 옮긴다.

### 빛

밝은 햇빛에 두되 한여름 강한 직사광선으로부터 보호한다. 무더운 날에는 공기 순환이 잘 되게 한다. 직사광선으로 옮길 경우에도 차츰 적응한다.

### 물 + 영양

봄 여름에는 미지근한 물로 흙을 촉촉하게 유지하고 가을, 겨울에는 흙을 거의 건조하게 유지한다. 영양제는 봄에 한 번, 여름에 한 번 준다.

### 돌보기

선인장 흙에서 키운다. 선인장을 다룰 때는 장갑을 착용하고 신문지에 조심스럽게 포장한다.

**해충 관리** (p.24 - 27 참조)

가루깍지벌레와 깍지벌레가 생길 수 있다.

### 선인장이 쭈글쭈글해진다면?

물 부족 때문이다. 흔히 알고 있는 것과 달리 선인장도 물이 필요하다.

**이렇게 살려요** 흙에 며칠간 매일 소량의 물을 주는데, 흙이 너무 젖어있지 않게 한다.

### 선인장이 물컹거린다면?

썩으면 이렇게 된다. 저온이면서 물을 너무 많이 줄 경우 나타난다.

**이렇게 살려요** 부패가 얼마나 많이 퍼졌는지에 따라 대처 방법이 달라지는데, 보통 신선한 흙으로 분갈이하면 된다. 썩은 뿌리는 잘라낸다.

### 꽃이 안 핀다면?

오푼티아, 반야 선인장, 마밀라리아, 레부티아 같은 몇몇 선인장은 몇 년 지나야 꽃이 핀다.

**이렇게 살려요** 가을에는 물주기를 중단하고, 겨울에는 밝으면서 시원한 곳에 두고 흙을 건조하게 유지한다. 봄에는 따뜻한 곳으로 옮긴 뒤 물과 영양제를 다시 준다. 선인장을 작은 화분에 두면 개화가 촉진된다.

### 갈색이나 흰색으로 변색이 된다면?

햇볕에 탄 경우. 매우 강한 햇빛에 노출되었을 때 나타난다.

**이렇게 살려요** 여름철 한낮의 강한 햇빛은 피한다.

### 선인장이 갈라진다면?

물을 너무 많이 주었기 때문이다.

**이렇게 살려요** 물주기를 중단하고 급수 방식을 점검한다. 흙과 화분이 배수가 잘되는지도 확인한다. 상처는 치료한다.

## 함께 돌보면 좋아요

**반야 선인장**
*Astrophytum ornatum*
작고 둥근 모양으로, 노란색 꽃이 핀다.

**레부티아**
*Rebutia*
아래쪽에서부터 예쁜 관 모양의 꽃이 특색있게 핀다.

# 100 페페로미아 메탈리카

*Peperomia metallica*

열대우림의 바닥에서 자생하는 페페로미아는 종류에 따라 잎이 다양하고 흥미로운 형태로 자란다.

## 이렇게 길러요

**위치**
봄부터 가을까지 18~25℃의 온도를 유지한다. 겨울에는 10℃ 이하로 내가 가지 않도록 한다.

**빛**
직사광선이 비치지 않으면서 밝은 곳, 부분적으로 그늘진 곳에 둔다. 동쪽이나 북쪽 창에서 나오는 투과된 빛이 이상적이다. 형광등 아래서 잘 자라므로 사무실에 적합하다.

**물 + 영양**
흙이 마르면 미지근한 물을 준다. 잎이 젖지 않도록 아래에서 물을 뿌린다(p.18-19 물주기 참조). 겨울에는 물을 적게 주고, 영양제는 봄과 여름에 매달 준다.

**돌보기**
배수가 잘돼야 한다. 조약돌로 채운 물 트레이 위에 화분을 두어 습도를 높인다.

**해충 관리**
(p.24 - 27 참고)

잎 아래와 주위에 가루깍지벌레가 생길 수 있다.

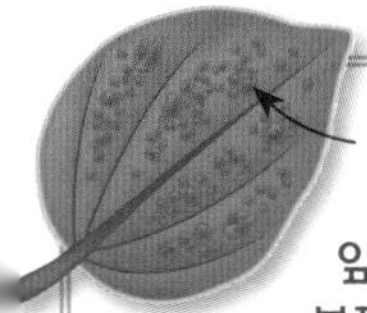


### 잎 아래가 코르크처럼 부풀어 오른다면?

겨울에 물을 너무 많이 줘서 발생하는 부종 현상이다.

**이렇게 살려요** 겨울에는 식물에 물을 적게 줘야 한다.
(p.28-29 식물의 질병 참조)

### 잎이 떨어진다면?

물이 부족하거나 너무 차가워지면 잎이 떨어지기도 한다.

**이렇게 살려요** 물을 준다. 실내 온도가 10℃ 이하면 따뜻한 곳으로 옮긴다.

### 물을 주는데도 시든다면?

물을 너무 많이 줘서 뿌리가 썩은 것이다.

**이렇게 살려요** 뿌리가 썩지 않았는지 확인하고 영향 받은 부위를 제거한다. (p.28-29 식물의 질병 참조)

## 함께 돌보면 좋아요

**크리핑 페페로미아**
*Peperomia rotundifolia*
작은 단추 모양의 잎을 예쁘게 늘어뜨리며 산소를 발생하는 것으로 알려진다. 메탈리카와 같은 관리가 필요하다.

**청 페페**
*Peperomia obtusifolia*
메탈리카와 같은 조건에서 돌본다. 잎은 금색, 회색, 크림색 등 색색깔로 나타난다.

# 호접란

*Phalaenopsis*

종류가 다양한 난과식물의 일종으로, 기르기가 쉽고 꽃이 수개월 동안 지속되어 인기가 높다.

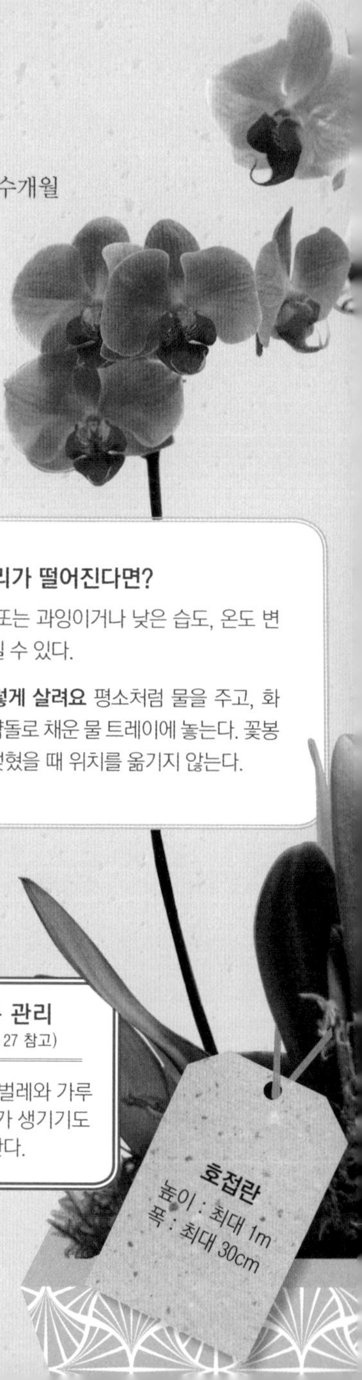


## 이렇게 길러요

### 위치
18~26℃를 유지한다.

### 빛
간접 광이 비치는 밝은 곳에 둔다. 동쪽으로 난 창 근처가 좋다.

### 물 + 영양
양동이에 물을 떠서 화분을 담가 잠기게 한 뒤 물을 뺀다(p.18-19 물주기 참조). 봄, 여름에는 일주일에 한 번, 겨울에는 약 2주마다 한다. 가능하면 증류수, 여과수가 좋다. 난초 영양제를 봄, 여름에는 한 달에 한 번, 가을과 겨울에는 2개월에 한 번 준다.

### 돌보기
빛이 뿌리까지 닿을 수 있도록 투명한 용기에 난초 흙을 담아 키운다. 밖으로 드러난 뿌리를 자르거나 흙으로 덮지 않는다. 잘못하면 썩는다. 꽃이 진 후 꽃줄기를 아래의 꽃 몽우리까지 바싹 잘라내면 몇 달 안에 새로운 꽃망울이 생겨난다.

**꽃봉오리가 떨어진다면?**

물 부족 또는 과잉이거나 낮은 습도, 온도 변화 때문일 수 있다.

**이렇게 살려요** 평소처럼 물을 주고, 화분을 조약돌로 채운 물 트레이에 놓는다. 꽃봉오리가 맺혔을 때 위치를 옮기지 않는다.

**해충 관리**
(p.24-27 참고)

잎에 깍지벌레와 가루깍지벌레가 생기기도 한다.

## 꽃이 안 핀다면?

다시 꽃을 피우기까지 몇 달이 걸리기도 한다. 하지만 꽃이 안 피는 이유는 대부분 밝은 빛이 부족하거나 지나치거나, 또는 심한 온도 변화 때문이다. 분갈이가 필요한 경우도 있다.

**이렇게 살려요** 화분을 좀 더 밝은 곳으로 옮기고 봄 여름에는 매월, 가을과 겨울에는 2개월마다 한 번씩 영양제를 준다. 필요한 경우 분갈이한다. 야간 낮은 온도(13~18℃)에서 개화가 촉진되므로 창턱이나 시원한 곳에 몇 주간 두는 것도 좋다.

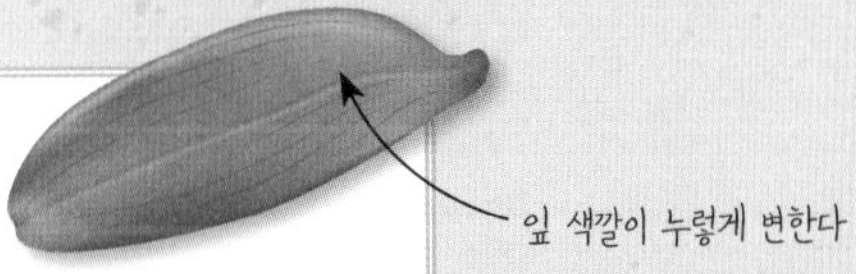


## 잎 색깔이 변한다면?

잎 색깔이 원래는 짙은 녹색이지만 오래되면 자연스럽게 누렇게 변하기도 한다. 어린잎이 누렇게 되는 것은 햇빛이 너무 과하거나 영양 부족 때문일 수 있다. 잎 색깔이 짙어지는 것은 햇빛이 부족하다는 신호다.

**이렇게 살려요** 잎 상태에 따라 빛을 조절한다. 봄 여름에는 한 달에 한 번 영양제를 준다.

## 잎이 쭈글쭈글해진다면?

잎에 수분이 충분히 공급되지 않았을 경우 생겨나는 증상이지만 뿌리가 손상된 경우에도 발생한다. 잎이 축 처지는 것은 습도가 충분치 않다는 신호일 수도 있다.

**이렇게 살려요** 건강한 뿌리는 은빛 나는 녹색이고, 갈색의 칙칙한 뿌리는 물이 너무 많다는 증거다. 속이 비어 바삭바삭한 것은 물이 너무 적다는 징후다. 뿌리가 손상되면 가장 큰 손상 부위를 잘라내고 새 흙으로 갈아준다. 조약돌로 채운 물 트레이 위에 놓아서 습도를 높인다.

# 피닉스 야자

*Phoenix roebelenii*

대추야자처럼 우아한 잎이 아치형을 이루며 뻗어 나가는 피닉스 야자는 실내에 두면 열대의 멋진 분위기를 연출한다.

## 이렇게 길러요

### 위치

피닉스 야자는 다른 많은 야자나무보다 좀 더 따뜻한 온도(18℃ 정도)를 좋아한다. 높이가 약 1.8m까지 자라므로 상당한 공간이 필요하다.

### 빛

직사광선을 피하고, 밝지만 간접 광이 비치는 곳에 둔다.

### 물 + 영양

흙의 윗부분 2~3cm가 건조해지기 쉬운 여름에는 물을 자유롭게 준다. 겨울에는 흙을 약간 촉촉하게 유지한다. 영양제는 봄부터 늦여름까지 매달 준다.

### 돌보기

여름철이거나 난방이 되는 실내라면 조약돌로 채운 물 트레이에 올려놓아 주변의 습도를 높인다.

**해충 관리** (p.24-27 참조) 잎에 깍지벌레, 가루깍지벌레, 응애가 생길 수 있다.

### 잎이 진녹색을 띠지 않는다면?

영양 부족일 가능성이 높다.

**이렇게 살려요** 봄부터 늦여름까지 한 달에 한 번 영양제를 준다.

### 잎이 갈색으로 변한다면?

공기가 너무 건조하거나 물 부족, 또는 찬 공기 때문일 수 있다.

**이렇게 살려요** 화분을 난방기 근처에 두었다면 멀리 옮긴다. 온도가 너무 낮지 않은지(10℃ 이하) 확인하고, 흙이 말라 있다면 물을 준다. 가위로 갈색 잎끝을 잘라낸다.

### 잎에 갈색 반점이 생겼다면?

물이 너무 많거나 추위에 노출되어 발생할 수 있다.

**이렇게 살려요** 영향받은 잎을 제거하고 식물의 위치와 관리 방법을 체크한다.

### 잎이 갈색으로 변한다면?

오래된 잎이 갈색으로 변해 죽는 것은 자연스러운 일이므로 아래쪽 잎만 갈색이 된다면 걱정하지 않아도 된다. 하지만 뿌리가 썩을 정도로 물을 너무 많이 주지 않았는지 확인한다.

**이렇게 살려요** 가위를 이용해 겉의 보기 흉한 갈색 잎을 잘라낸다. 흙 윗부분 2~3cm가 건조할 때만 물을 준다. 문제가 계속되면 뿌리가 썩었는지 확인하고 영향받은 뿌리를 제거한다. (p.28–29 식물의 질병 참조)

## 함께 돌보면 좋아요

**관음죽**
*Rhapsis excelsa*
피닉스 야자와 비슷한 관리가 필요하다. 빛이 적어도 잘 견딘다.

**부채 야자**
*Chamaerops humilis*
피닉스 야자처럼 관리해준다. 낮은 온도에도 잘 견딘다. 성장이 느려서 다 자라도 1.2m에 불과하다.

# 빛이 적어도 잘 자라는 5가지 식물

식물이 자라기 위해서는 빛이 필요하지만, 일부 식물, 특히 잎이 큰 식물은 그늘에서도 잘 자란다. 빛이 덜 드는 조건에서 잘 자라는 5가지 식물을 소개한다.

## 아스플레니움

***Asplenium nidus***

무성하고 반짝이는 잎을 가진 이 양치식물은 키우기가 쉽다. 적은 빛에도 잘 자라지만 이따금 잎을 윤기 나게 닦아주고 빛을 쬐어준다.

**p.97 아스플레니움 참조**

## 스파티필럼

***Spathiphyllum***

윤기 나는 녹색 잎과 예쁜 흰 꽃이 인상적이다. 빛이 적어도 잘 자라며 물주기가 불규칙해도 잘 견딘다.

**p.124-125 스파티필럼 참조**

## 팔손이

***Fatsia japonica***

커다랗고 무성한 잎이 반짝이며 눈에 띈다. 빛이 적어도 잘 자라며 겨울에는 0℃ 저온에서도 견딘다.

**p.81 팔손이 참조**

## 필로덴드론 스칸덴스

***Philodendron scandens***

윤기 나는 하트 모양의 잎이 매력적인 필로덴드론 역시 적은 빛에도 잘 자란다. 기둥을 타고 올라가는 특징이 있다.

**p.63 필로덴드론 스칸덴스 참조**

## 엽란

***Aspidistra eliator***

'cast iron(무쇠)'이라는 영어 이름에서 알 수 있듯 체질이 강한 편이다. 빛을 잘 받도록 잎을 잘 닦아준다. 물 부족은 잘 견디지만 젖은 흙은 무척 싫어한다.

**p.125 엽란 참조**

# 필레아 페페

*Pilea peperomioides*



수련처럼 동글동글한 잎이 귀엽게 나 있는 필레아 페페는 예쁜 잎 모양 때문에 실내식물로 인기가 많다.

## 이렇게 길러요

### 위치

18~24℃의 실내가 좋고, 겨울에는 12℃보다 차갑지 않게 관리한다. 습기를 좋아하기 때문에 욕실에 두는 것이 좋다.

### 빛

밝은 빛이나 부분적인 그늘에 둔다. 직사광선은 잎을 손상시킬 수 있으므로 피한다. 밝은 빛보다 부분 그늘에서 잎이 더 잘 자란다.

### 물 + 영양

흙을 촉촉하게 유지하려면 물을 주는데, 흙이 마른 경우에만 준다. 영양제는 봄, 여름에 2주일에 한 번 준다.

### 돌보기

배수가 잘되는지 확인하고 흙이 젖어 있지 않도록 한다. 이따금 젖은 천으로 잎의 먼지를 닦아주고 윤기 나게 관리한다. 분무기로 물을 뿌려주면 좋다.

**필레아 페페**
높이 & 폭:
최대 30cm

### 잎이 한쪽으로만 쏠려서 난다면?

잎은 빛을 향해서 잘 자란다.

**이렇게 살려요** 화분을 주기적으로 돌려줘서 전체적으로 고르고 둥글게 잎이 나도록 한다.

### 잎이 노랗게 변하거나 떨어진다면?

아래쪽 잎이 노랗게 변하는 건 신경 쓰지 않아도 된다. 노화된 잎이기 때문이다. 잎이 전체적으로 노란색을 띠면 물을 너무 많이 줬거나 너무 적게 줬기 때문이다.

**이렇게 살려요** 물 주는 방법을 점검한다.

### 잎에 흰색 가루 같은 것이 생겼다면?

흰가루병 때문이다. 식물을 죽이지는 않지만 보기에 좋지 않다.

**이렇게 살려요** 증상이 나타난 잎을 즉시 제거하고 실내 공기를 환기시킨다. (p.28-29 식물의 질병 참조)

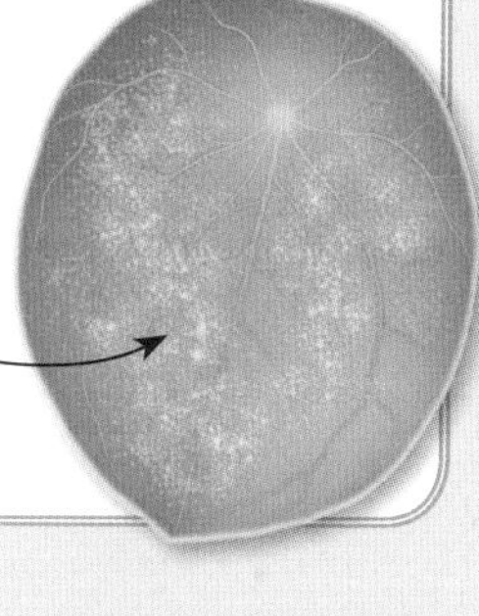


## 함께 돌보면 좋아요

**필레아 글라우카**
*Pilea involucrata 'Moon Valley'*
필레아 페페와 비슷한 관리가 필요하지만 습기를 좋아하므로 테라리엄에 키우는 것도 괜찮다.

**수박 필레아**
*Pilea cadierei*
수박 필레아 역시 같은 방식으로 돌보면 된다. 잎에 자주 분무해주고 조약돌로 채운 물 트레이에 올려둔다.

# 박쥐란(플라티케리움)

*Platycerium bifurcatum*

양치식물에 속하는 박쥐란은 나무 위에 붙어서 자란다. 가정에서는 화분에 심거나 흙 없이 키우기도 하는데, 보통 받침대에 올려져 채로 판매된다.

## 이렇게 길러요

**위치**
욕실 같은 습한 환경에서 기르면 좋다. 온도는 10~24℃를 유지한다.

**빛**
아주 밝은 것을 좋아하지만 직사광선에 잎이 탈 수 있으므로 간접 광을 쬐게 한다.

**물 + 영양**
뿌리와 잎으로 물을 흡수한다. 흙은 항상 약간 촉촉하게 유지한다. 물을 줄 때는 욕조의 미지근한 물에 거꾸로 놓고 20분 동안 그대로 두거나 미지근한 수돗물을 뿌리고, 물기가 빠지면 다시 매단다. 덥고 건조한 실내라면 1주일에 한 번, 시원하거나 습하면 2~3주마다 한 번씩 물을 준다. 봄, 여름에는 매달 물을 준다.

**돌보기**
실내가 덥고 건조하다면 미지근한 물로 주기적으로 뿌려준다.

**해충 관리**
(p.24 - 27 참고)
잎 아래쪽에 깍지벌레가 자랄 수 있다.

### 잎끝이 갈색으로 변하거나 쭈글쭈글해진다면?

물이 충분치 않은 것이다.

**이렇게 살려요** 물을 더 자주 주고 잎에도 물을 자주 뿌려줘서 습도를 높인다.

### 물기가 있지만 여전히 쭈글거린다면?

뿌리가 썩었을지 모른다.

**이렇게 살려요** 뿌리가 썩었는지 확인하고 검거나 칙칙하게 변한 뿌리를 잘라낸다. (p.28-29 식물의 질병 참조)

### 가지처럼 뻗은 잎이 갈색이나 검은색으로 변한다면?

물을 너무 많이 주었기 때문이다.

**이렇게 살려요** 몇 주간 물주기를 멈췄다가 다시 평소처럼 물을 준다.

## 함께 돌보면 좋아요

**플라티케리움 그란데**
*Platycerium grande*
녹용처럼 뻗은 잎이 특색 있는 이 실내식물은 박쥐란보다 크지만 같은 방식으로 관리하면 좋다.

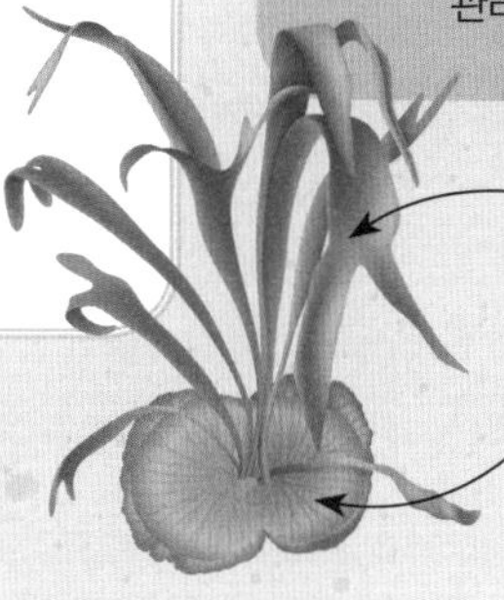


### 잎이 갈색으로 쭈글쭈글해졌다면?

박쥐란은 아래쪽에 갈라진 작은 잎들이 있다. 이들은 방패 역할을 하며 물을 흡수하고 뿌리를 보호한다. 나이가 들면 자연스럽게 갈색으로 변한다.

**이렇게 살려요** 아무것도 하지 않는다. 아래쪽 잎이 갈색으로 변하는 것은 정상적인 과정이므로 갈색 잎을 제거하지 않는다.

# 아프리칸 바이올렛

*Saintpaulia*

잎에 보송보송한 털이 나 있는 아프리칸 바이올렛은 다양한 빛깔의 꽃이 특히 아름답다. 크기가 작아 좁은 공간에 키우기 좋다.

## 이렇게 길러요

### 위치

따뜻한 온도(16~23℃)와 높은 습도를 좋아한다. 너무 춥지 않다면 욕실이나 주방 창가에 두는 것이 이상적이다.

### 빛

밝은 간접 광을 쬐게 한다. 직사광선은 잎이 탈 수 있으므로 피한다.

### 물 + 영양

흙 윗부분 2~3cm가 마르면 물을 준다. 잎이 젖는 것을 피하기 위해 아래에서 30분 정도 물을 줘야 한다(p.20-21 물주기 참조). 영양제는 봄부터 늦여름까지 한 달에 한 번 준다.

### 돌보기

조약돌을 채운 물 트레이에 세워 습기를 공급한다. 개화 후 진 꽃은 잘라낸다. 아프리칸 바이올렛은 작은 화분에서 가장 잘 자란다. 너무 자주 분갈이하지 않는다.

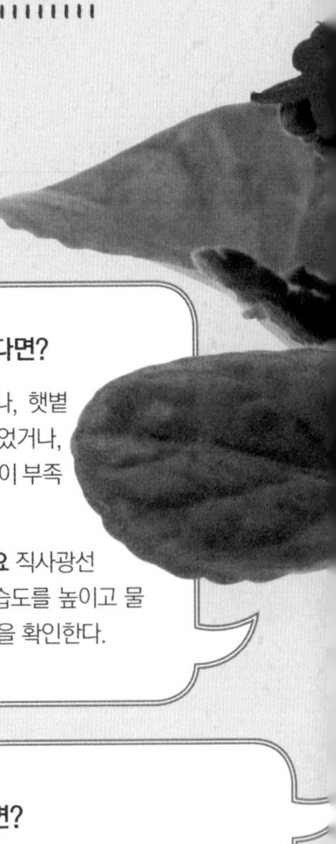

### 잎이 노랗게 된다면?

공기가 건조하거나, 햇볕을 너무 많이 쬐었거나, 물 또는 영양 공급이 부족하기 때문이다.

**이렇게 살려요** 직사광선을 피해 옮긴다. 습도를 높이고 물 주는 방식과 영양을 확인한다.

### 꽃이 안 핀다면?

아프리칸 바이올렛은 일조량이 낮은 겨울에는 잘 피지 않는다. 봄부터 가을까지도 꽃이 잘 안 핀다면 관리 문제일 수 있다.

**이렇게 살려요** 겨울에는 밝은 남향 또는 서향 창으로 옮긴다. 봄부터 가을까지도 안 핀다면 영양제를 제대로 주고 있는지, 온도가 적절한지 확인한다.

## 해충 관리

(p.24-27 참고)

잎의 뒷면에 가루깍지벌레가 생길 수 있다.

아프리칸 바이올렛
높이 & 폭 : 최대 15cm

## 잎에 갈색 반점이 생겼다면?

잎에 물이 튀거나 찬물을 뿌렸을 경우 발생한다.

**이렇게 살려요** 잎에 물이 튀지 않도록 항상 화분 아래로 물을 준다(저면관수). 30분 정도 물 트레이에 놓아 수분을 공급하는데, 실내 온도의 물을 사용한다.

갈색 반점

## 식물이 시든다면?

물을 너무 많이 줬거나 적게 준 것이다.

**이렇게 살려요** 흙 윗부분 2~3cm가 마르면 식물의 아래쪽에 물을 준다. 꽃봉오리나 뿌리가 썩지 않았는지 확인한다. (p.28-29 식물의 질병 참조)

## 잎에 회색 보풀 같은 게 생겼다면?

'보트리티스'라고 불리는 잿빛곰팡이병일 가능성이 높다.

**이렇게 살려요** 감염 부위를 제거하고 살균제로 치료한다. (p.28-29 식물의 질병 참조)

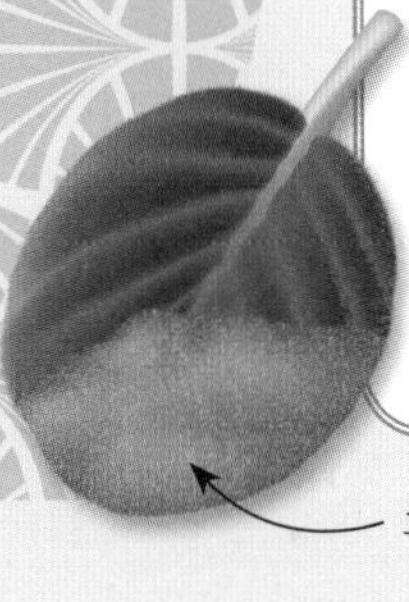

회색 보풀

# 산세비에리아

## *Sansevieria trifasciata*

칼 모양의 뻣뻣한 잎이 눈에 띄는 산세비에리아는 생명력이 아주 강하다. 물을 지나치게 많이 주거나 아주 춥게 두지 않는 한 죽지 않는다.

### 이렇게 길러요

**위치**
어디에 두든 상관없다. 10~26℃에서 잘 자라며 외풍이나 건조한 공기라도 괜찮다.

**빛**
직사광선에도 견딜 수 있지만 밝은 간접 광이 가장 좋다. 다만, 빛이 적으면 노랑이 섞인 잎의 배색이 사라지고 모두 녹색으로 변할 수 있다.

**물 + 영양**
봄, 여름에는 적당히 물을 주고 가을과 겨울에 조금씩 물을 준다. 영양제는 봄, 여름에 한 달에 한 번 준다.

**돌보기**
쓰러지지 않도록 무게가 있는 화분에 키운다. 잎에 상처가 나면 성장이 멈추므로 잎끝이 손상되지 않도록 주의한다. 이따금 잎을 윤기 나게 닦아준다. 분갈이는 화분이 너무 작아졌을 때만 한다.

**바깥쪽 잎들이 떨어진다면?**

수분 부족이거나 과잉, 또는 빛 부족 때문일 수 있다. 또는 화분이 너무 작아도 바깥쪽 잎들이 떨어진다. 크고 오래된 잎은 종종 쓰러진다.

**이렇게 살려요** 돌보는 방식과 빛의 밝기를 확인한다. 필요한 경우 분갈이를 한다.

**잎이 노랗게 변했다면?**

일반적으로 겨울철에 물을 너무 많이 주면 이렇게 된다. 식물의 아랫부분과 뿌리가 썩어있는지 확인한다.

**이렇게 살려요** 흙을 건조하게 유지한다. 온도가 낮으면 더 따뜻한 곳으로 옮기도록 하고, 뿌리가 썩었다면 영향받은 뿌리를 뽑아낸다. (p.28-29 식물의 질병 참조)

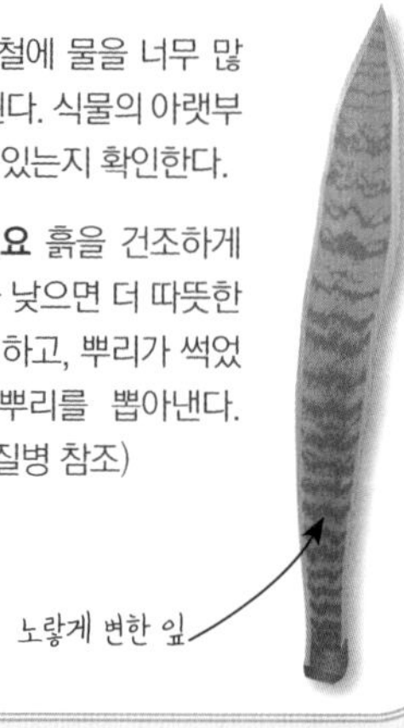

**잎이 쭈글쭈글해졌다면?**

물이 부족할 가능성이 높다.

**이렇게 살려요** 며칠간 가볍게 물을 주면 잎이 다시 탄탄해진다.

쭈글쭈글해진 잎

**해충 관리**
(p.24 - 27 참고)

잎에 가루깍지벌레가 생기기도 한다.

**산세비에리아**
높이 : 최대 1.2m
폭 : 최대 50cm

## 함께 돌보면 좋아요

**스투키**
*Sansevieria cylindrica*
원통형 잎에 골이 져 있다. 산세비에리아와 같은 관리가 요구된다.

**트리고나**
*Euphorbia trigona*
날카로운 가시가 나 있는 다육식물. 산세비에리아와 같은 관리가 요구된다.

# 바위취

*Saxifraga stolonifera*



줄기를 길게 늘어뜨리며 자라는 이 식물은 잎에 가는 줄무늬가 나 있고 잎 뒤쪽이 붉은색을 띤다.

## 이렇게 길러요

**위치**

겨울에는 7℃보다 춥지 않은 약간 서늘한 정도의 실내(10~21℃)에 둔다. 달아매는 화분이나 선반에 장식하면 멋지게 보인다. 줄기가 75cm 정도까지 길게 자라기도 한다.

**빛**

직사광선은 피하고, 밝으면서도 간접 광에 둔다.

**물 + 영양**

봄부터 가을까지는 흙 윗부분 2~3cm가 마를 때마다 자유롭게 물을 준다. 아래에서 물을 줘야 잎이나 줄기의 밑 부분에 물이 튀는 것을 막아 곰팡이 벌레가 생기는 것을 방지할 수 있다. 겨울에는 물 주는 횟수를 줄인다. 영양제는 봄, 여름에 매달 준다.

**돌보기**

집이 따뜻하면 약간의 습기를 주는 것이 좋다. 조약돌로 채운 물 트레이에 놓아 습도를 조절해준다. 성장이 빨라 화분이 비좁아지기 쉬우니 매년 분갈이를 한다.

**잎에 누런 반점이 생겼다면?**

햇볕에 탔기 때문이다.

**이렇게 살려요** 직사광선이 비치지 않는 곳으로 옮긴다.

**잎이 시든다면?**

특히 겨울철에 물을 많이 주면 이렇게 된다.

**이렇게 살려요** 흙을 확인한다. 흙이 흠뻑 젖어있으면 흙을 말린다. 뿌리가 썩었는지 확인하는 것이 좋다. 뿌리가 썩으면 칙칙하고 어두운색을 띠는데, 이 부분을 잘라내고 신선한 흙으로 분갈이한다. (p.28-29 식물의 질병 참조)

**해충 관리** (p.24 - 27 참조)

식물 주변에 진딧물이 꼬이거나 잎에 응애가 생길 수 있다.

바위취
높이 & 폭:
최대 20cm

## 함께 돌보면 좋아요

**스웨디시 아이비 (플렉트란투스)**
*Plectranthus*
바위취와 비슷한 관리가 필요하지만 건조한 공기에 더 잘 견딘다. 공중걸이 화분에 키우기 좋다.

**줄기가 갈색으로 변한다면?**

물이나 습기가 부족하기 때문이다.

**이렇게 살려요** 물주기를 확인하고 조약돌로 채운 물 트레이에 올려놓는다. 잎에 주기적으로 분무를 한다.

# 홍콩야자

*Schefflera arboricola*

잎이 많고 이국적인 분위기를 내는 홍콩야자는 기르기가 쉬운 편이다. 윗부분을 잘라내면 원하는 높이를 유지할 수 있다.

## 이렇게 길러요

### 위치

적당히 따뜻한 실내(13~24℃)에 둔다. 겨울철에 13℃ 이하로 떨어지지 않도록 한다.

### 빛

밝은 간접 광이 좋다.

### 물 + 영양

봄부터 가을까지 흙의 윗부분 2~3cm가 마르면 물을 준다. 물이 조금 부족한 것은 괜찮지만 너무 많이 주면 뿌리가 썩을 수 있으니 주의한다(p.28-29 식물의 질병 참조). 겨울에는 물을 줄인다. 영양제는 봄, 여름에 한 달에 한 번 준다.

### 돌보기

기온이 따뜻하거나 따뜻한 실내에서는 잎에 분무를 해준다. 이따금 젖은 천으로 잎의 먼지를 닦아준다.

### 잎이 끈적거린다면?

홍콩야자 소형종은 특히 깍지벌레가 꼬이기 쉽다. 병충해의 첫 번째 징후는 잎이 끈적끈적해지는 것인데, 나중에는 거무스름하게 변한다. 잎 아래에 갈색 돌기가 보이기도 한다.

**이렇게 살려요** 비벼서 털어내고 잎을 깨끗이 닦은 다음, 살충제를 뿌려 거무스름한 그을음병을 제거한다. (p.24-27 식물 해충 참조)

### 잎이 줄어든다면?

온도 변화나 빛 부족, 또는 물 부족 때문일 수 있다.

**이렇게 살려요** 온도가 따뜻한지(13~24℃), 간접 광이 충분히 비추고 있는지 확인한다. 식물을 외풍이 불지 않는 곳에 두고 관수 방식을 확인한다.

### 한쪽으로 기울어서 자란다면?

빛을 향해 기울기 때문이다.

**이렇게 살려요** 방향을 주기적으로 돌려주거나 지지대를 세워 곧게 자라게 한다.

### 해충 관리

(p.24 - 27 참고))

잎에 깍지벌레와 응애가 생길 수 있다.

### 잎이 자꾸 떨어진다면?

물을 너무 많이 줬거나 적게 줬기 때문이다.

**이렇게 살려요** 흙을 살펴봐서 흠뻑 젖어있으면 말리고, 뿌리가 썩지 않았는지 징후를 확인한다(p.28-29 식물의 질병 참조). 흙 윗부분 2~3cm가 마르면 물을 준다.

## 함께 돌보면 좋아요

**크로톤**
*Codiaeum variegatum*
비슷한 관리가 필요하지만 좀 더 따뜻한 실내(겨울에는 15℃)가 좋고, 습도도 좀 더 높은 게 좋다. 온도 변화가 크지 않도록 주의한다.

**아펠란드라**
*Aphelandra squarrosa*
흔히 꽃으로 판매되며 비슷한 관리가 필요하지만 겨울에는 15℃ 이상을 유지해야 한다. 물을 너무 많이 주면 아래쪽 잎이 떨어진다.

# 크리스마스 선인장

## *Schlumbergera buckleyi*

크리스마스 선인장은 사막이 아니라 정글 숲에서 늘 푸르게 자라는 선인장이다. 겨울에 꽃이 핀다.

### 이렇게 길러요

**위치**
18~24℃의 실내에 둔다. 꽃을 피우게 하려면 1년에 두 번 서늘한 온도에서 휴면 기간을 갖는다.

**빛**
밝은 간접 광을 쬐게 한다.

**물 + 영양**
흙의 윗부분 2~3cm 정도가 건조할 때 물을 준다. 넘치는 물은 빠져나가게 하고 흙이 축축하게 젖어있지 않게 한다. 겨울에는 물을 좀 더 적게 준다. 영양제는 봄, 여름에 매달 준다.

**돌보기**
조약돌을 채운 물 트레이에 놓아 습도를 높인다. 꽃이 없을 때는 일주일에 두 번 잎에 분무한다. 뿌리가 화분에 꽉 차면 1~2년마다 좀 더 큰 화분에 옮겨심는다. 이때 흙에 모래를 섞는다.

**해충 관리** (p.24 - 27 참조)
줄기 구석구석에 가루깍지벌레가 생길 수 있다.

**꽃이 안 핀다면?**

다시 꽃을 피우려면 휴면 기간이 필요하다.

**이렇게 살려요** 꽃이 지고 난 후 난방이 안 되는 시원한 방(약 12℃)에서 8주간 휴식을 취하게 하고 물을 덜 준다. 여름에는 바깥 그늘에 둔 채 평소처럼 물을 주고, 가을에 두 번째 휴식기를 갖는다. 난방이 안 되는 시원한 방에 밤에 조명을 켜지 않은 채 8주간 둔다. 그런 다음 위치, 빛, 물 주기 등을 꽃 필 때와 같은 조건으로 관리한다.

## 잎이 빨간색으로 변한다면?

너무 많은 햇빛을 받고 있다는 신호다.

**이렇게 살려요** 직사광선을 피한다.

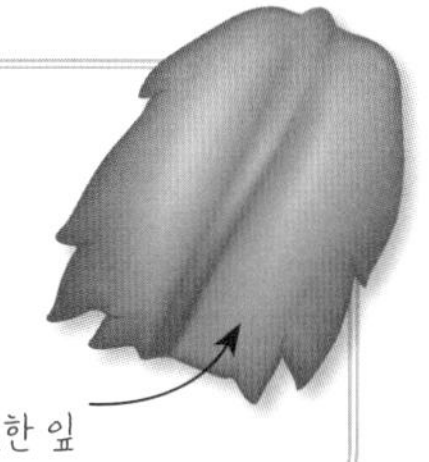

## 꽃봉오리가 떨어진다면?

꽃봉오리가 맺히는 시기에 화분을 옮기거나 물을 잘못 주거나 온도 변화가 심할 때 발생한다.

**이렇게 살려요** 꽃봉오리가 맺히기 직전 휴면 위치에서 원래 위치로 이동한 다음 다시 옮기지 않는다. 물주는 방식을 확인한다.

## 함께 돌보면 좋아요

**부활절 선인장**
*Schlumbergera gaetneri*
부활절 선인장은 봄에 꽃을 피운다. 크리스마스 선인장처럼 여름에는 밖에 두면 좋고 다시 꽃을 피우기 위해 휴면 기간을 갖는다.

**립살리스**
*Rhipsalis baccifera*
크리스마스 선인장과 같은 관리가 필요한 다육 선인장. 공중걸이 화분이 어울린다. 성장하면 열매를 맺기도 한다.

# 122 솔레이롤리아

*Soleirolia soleirolii*

'천사의 눈물'이라는 별칭처럼 작은 잎들이 화분 가득 넘칠 정도로 흩뿌려진 모습이 사랑스럽다. 녹색, 황금색으로 빛나는 잎 색깔도 멋스럽다.

## 이렇게 길러요

**위치**
10~21℃가 적당한데, 가장 좋은 것은 10℃ 정도다.

**빛**
밝은 간접 광에 둔다.

**물 + 영양**
흙을 촉촉하게 유지하되 봄부터 가을까지는 질척거리지 않을 정도로, 겨울에는 촉촉할 정도로 관리한다. 영양제는 봄에 한 번, 여름에 한 번 준다.

**돌보기**
특별히 따뜻한 방이라면 습도를 유지하기 위해 조약돌로 채운 물 트레이에 세워둔다. 가위로 모양을 다듬어준다. 테라리엄으로 추천되기도 하지만 너무 무성해질 수 있으므로 주의한다.

**잎이 갈색으로 변한다면?**

물이 충분치 않기 때문일 수도 있고 공기가 너무 건조하거나 뜨겁기 때문일 수 있다. 또는 햇볕에 탄 경우에도 이렇게 된다.

**이렇게 살려요** 봄부터 가을까지는 흙을 약간 촉촉하게, 겨울에는 살짝 촉촉하게 유지한다. 조약돌로 채운 물 트레이 위에 화분을 세워둬 습도를 높이고, 직사광선이 비치지 않게 한다.

## 잎이 시든다면?

물을 너무 많이 줬거나 적게 줬기 때문이다.

**이렇게 살려요** 봄부터 가을까지는 흙을 약간 촉촉하게, 겨울에는 살짝 촉촉하게 유지한다. 절대 과습해서는 안 된다. 뿌리가 썩었는지 확인하고 영향받은 부위를 잘라낸다. (p.28-29 식물의 질병 참조)

## 줄기가 너무 가늘다면?

온도가 너무 높으면 줄기가 가늘어질 수 있다.

**이렇게 살려요** 서늘한 곳으로 옮긴다. 10-16℃가 이상적이다.

## 함께 돌보면 좋아요

**톨미아**
*Tolmiea menziesii*
솔레이롤리아처럼 관리한다. 자라면서 성숙한 잎 위에 작은 식물체가 생겨난다.

**네테라**
*Nertera granadensis*
솔레이롤리아처럼 밝은 간접광과 시원한 온도를 좋아하므로 동일한 관리가 필요하다. 흙이 마르지 않도록 관리한다.

# 스파티필럼

*Spathiphyllum*

윤기 나는 녹색 잎과 가끔 청초한 흰색 꽃이 매력적인 스파티필럼은 초보자가 키우기에 좋은 관상식물이다.

## 이렇게 길러요

### 위치
13~26℃의 따뜻한 실내에 찬바람이 통하지 않는 곳에 둔다.

### 빛
밝은 간접 광이 비치는 곳이 좋다.

### 물 + 영양
흙 윗부분 2~3cm가 마르면 물을 준다. 봄부터 늦여름까지 매달 준다. 수돗물이 경수라면 증류수나 여과수를 사용한다.

### 돌보기
조약돌로 채운 물 트레이에 놓아두고, 특히 실내가 따뜻하다면 일주일에 한두 번 잎에 물을 뿌려준다. 시든 꽃과 누렇게 변한 잎은 잘라낸다. 매년 봄에 분갈이한다.

**해충 관리** (p.24-27 참조) | 잎 뒷면에 가루깍지벌레가 생길 수 있다.

### 줄기 전체가 아래로 처진다면?
물이 부족하기 때문이다.

**이렇게 살려요** 물을 채운 양동이에 30분 정도 담갔다가 물기를 빼내면 빨리 회복된다(p.18-19 물주기 참조).

### 잎이 노랗게 된다면?
오래된 잎은 자연적으로 노랗게 된다. 어린잎이 황변하는 것은 스트레스받았다는 신호다.

**이렇게 살려요** 위치가 적당하고, 물과 영양제는 제대로 주고 있는지 확인한다. 뿌리가 화분에 꽉 찰 정도로 자라면 분갈이한다. 물을 증류수나 여과수, 또는 빗물로 바꿔본다.

### 잎에 갈색 자국이 생겼다면?

햇볕에 탄 자국이다.

**이렇게 살려요** 직사광선이 없는 그늘진 위치로 옮긴다.

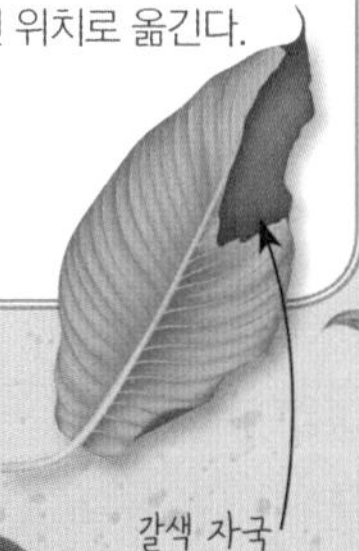


### 잎끝이 갈색으로 변했다면?

습도가 부족하거나 물 또는 영양제 공급이 불규칙할 때, 물이 경수일 때 잎끝이 갈색으로 변하는 경우가 있다.

**이렇게 살려요** 습도를 높이고 물과 영양제를 올바르게 주고 있는지 확인한다. 증류수, 여과수 또는 빗물로 바꾼다.

## 함께 돌보면 좋아요

**아글라오네마**
*Aglaonema*
스파티필럼과 비슷한 관리가 필요하지만, 그늘과 온도 변화에 잘 견디므로 복도에 두는 것도 괜찮다.

**엽란**
*Aspidistra eliator*
비슷한 관리가 요구된다. 가끔 잎을 닦아주고 꼭 필요한 경우에만 분갈이한다. 젖은 흙을 싫어한다.

# 거실에 두면 좋은 5가지 식물

거실에 두면 특별히 돋보이는 식물들이 있다. 이런 식물은 구석에서 먼지만 쌓이게 할 것이 아니라 멋진 화분에 심어 앞에 배치하면 공기 청정 효과에 인테리어 효과까지 뛰어나다.

## 산세비에리아

***Sansevieria trifasciata***

유지 관리가 쉬운 산세비에리아는 어떤 곳에 놓아두어도 돋보일 뿐 아니라 공기를 정화하는 효과가 뛰어나다.

p.114-115 산세비에리아 참조

## 떡갈잎고무나무

***Ficus lyrata***

멋진 외관으로 인테리어 디자이너들에게 인기가 많은 식물. 이동할 때 잎이 떨어지는 경향이 있으니 적절한 위치를 찾았다면 자주 옮기지 않는다.

p.76-77 떡갈잎고무나무 참조

## 금전수

***Zamioculcas zamiifolia***

잎이 촘촘히 나 있는 이 식물은 실내에 두면 눈길을 끈다. 공간을 많이 차지하지 않고 잘 자라는 특징이 있다.

**p.138-139 금전수 참조**

## 켄차 야자

***Howea fosteriana***

거실을 우아하게 만들어주는 켄차 야자는 직사광선은 피하고 빛만 잘 쬐면 초록색으로 무성하게 자란다. 가끔 잎을 가끔 닦아주고 분무한다.

**p.84-85 켄차 야자 참조**

## 몬스테라

***Monstera deliciosa***

커다랗고 갈라진 잎이 열대 정글 식물 같은 느낌을 주는 몬스테라는 전형적인 실내식물이다. 실내에 두면 멋진 공간을 연출한다.

**p.88-89 몬스테라 참조**

# 극락조화

*Strelitzia reginae*

파랑과 주황색 꽃이 이국적인 볏을 가진 새의 머리처럼 보이는 식물. 모습만 봐도 이름이 어떻게 유래되었는지 알 수 있다.

## 이렇게 길러요

**위치**
20℃ 이상의 따뜻한 온도와 습도를 좋아한다. 밝은 욕실이나 온실이 이상적이다. 공기 순환을 좋아해서 여름에는 밖에 둔다. 겨울에는 약 10℃ 이상을 유지한다.

**빛**
가능하면 빛을 많이 쬐게 하되 여름 직사광선은 피한다.

**물 + 영양**
흙 표면이 건조하다고 느껴질 때 자유롭게 물을 주되 흙이 젖어있지 않도록 한다. 겨울에는 물을 적게 주고, 영양제는 봄, 여름에 매달 준다.

**돌보기**
조약돌로 채운 물 트레이에 놓고 이따금 잎에 분무해서 습도를 높인다. 흙 위로 뿌리가 드러나거나 배수구로 삐져나오기 전까지는 분갈이를 하지 않는다. 젖은 천으로 잎의 먼지를 닦아준다.

### 꽃이 안 핀다면?

빛과 영양이 제대로 공급되고 4년 이상 자라기 전까지는 꽃이 피지 않는다. 뿌리가 화분에 꽉 찬 듯한 게 가장 좋다.

**이렇게 살려요** 빛이 충분하고 영양이 적절하게 공급되는지 확인한다. 극락조화는 꼭 맞는 화분을 좋아하므로 화분이 너무 크지 않은지 확인한다.

### 잎끝이나 가장자리가 갈색으로 변한다면?

실내 습도가 충분치 않거나 물 부족 또는 과잉 때문일 수 있다.

**이렇게 살려요** 습도가 충분한지, 물을 제대로 주었는지 확인한다.

**해충 관리**
(p.24 – 27 참조)
잎에 깍지벌레, 가루깍지벌레, 응애가 생길 수 있다.

### 잎이 노랗게 된다면?

아래쪽 잎이 누렇게 되는 정상적인 현상이며, 오래된 잎은 결국 떨어진다. 가운데 어린잎이 떨어진다면 물이 부족하거나 과도하기 때문일 수 있다. 배치가 좋지 않아도 잎 색깔이 별하는 경우가 있다.

**이렇게 살려요** 노랗게 변한 잎을 톡 떼어낸다. 관수 방식을 확인하고, 충분한 빛과 온도(20℃ 이상)를 유지했는지 확인한다.

### 중심부가 썩는다면?

흙이 너무 습해서 뿌리 또는 줄기가 썩었기 때문이다.

**이렇게 살려요** 신선한 흙으로 분갈이를 한다. 화분이 잘 배수되는지 확인하고 물을 너무 많이 주지 않도록 한다. (p.28-29 식물의 질병 참조)

# 스트렙토카르푸스

## *Streptocarpus*



스트렙토카르푸스는 밝은 녹색의 잎과 핑크, 보라, 자주, 흰색 등 여러 빛깔의 예쁜 꽃이 있는 매력적인 실내식물이다.

**해충 관리**
(p.24 - 27 참고))

잎의 아래쪽에 가루깍지벌레가 생길 수 있다.

### 이렇게 길러요

**위치**
밝은 빛이 드는 13~21℃의 적당한 온도의 실내에 둔다.

**빛**
간접 광을 쬐게 한다. 동쪽 또는 서쪽을 향한 창가에 두는 것이 좋다. 여름에는 직사광선을 피한다.

**물 + 영양**
흙의 윗부분 4~5cm가 마를 때마다 물을 준다. 흙은 촉촉하되 늘 젖어있지 않게 하고 과도하게 배수되지 않도록 한다. 겨울에는 물을 줄인다. 영양제는 봄과 여름에 2주마다 한 번씩 준다. 고칼륨 성분의 영양제가 개화를 촉진한다.

**돌보기**
매년 봄 좀 더 큰 화분으로 분갈이한다. 꽃을 계속 피우려면 개화 후 진 꽃을 잘라낸다. 가을과 겨울에는 잎끝이 다시 죽지만 걱정할 필요가 없다. 끝부분을 잘라내면 된다.

**잎에 갈색 자국이 생겼다면?**

잎이 탄 것이거나 물이 뿌려진 것이다.

**이렇게 살려요** 직사광선이 안 드는 곳으로 옮긴다. 물을 줄 때 잎이 젖지 않도록 주의한다.

**중심부에서 잎이 썩는다면?**

물이 너무 많거나 적은 경우, 또는 배수가 잘 안 되는 경우 이렇게 된다.

**이렇게 살려요** 영향받은 잎을 모두 제거하고 흙을 건조시킨다. 화분에서 물이 잘 배수되는지 확인한다. 이후 흙이 말랐을 경우에만 물을 준다.

### 잎에 회색 곰팡이가 생겼다면?

이것은 '보트리티스'라고 불리는 잿빛곰팡이다.

**이렇게 살려요** 감염된 부위를 제거하고 살균제로 치료한다. (p.28-29 식물의 질병 참조)

### 시들시들하다면?

물을 너무 많이 줬거나 너무 적게 줬기 때문이다.

**이렇게 살려요** 물을 너무 많이 줬다고 생각되면 흙을 건조시키고, 흙이 말랐을 때 물을 준다. 물이 너무 적다고 생각되면 물을 준다.

## 함께 돌보면 좋아요

**글록시니아**
*Sinningia speciosa*
스트렙토카르푸스와 비슷한 관리가 요구된다. 밝은 실내에 두고 외풍을 피하면 다시 꽃을 피울 수 있다. 꽃이 지고 나면 누렇게 변한 줄기나 잎을 제거하고 물 공급을 줄인다. 봄에 분갈이한 후 다시 물을 주면 꽃을 볼 수 있다. 한 번 꽃이 졌다고 버릴 필요가 없다.

### 잎은 크지만 꽃이 적다면?

영양 공급이 잘못됐거나 빛이 충분하지 못한 것이다.

**이렇게 살려요** 봄, 여름에 2주마다 한 번씩 영양제를 준다. 그늘진 곳에 있다면 좀 더 밝고 간접 광이 비치는 곳으로 옮긴다.

# 틸란드시아

*Tillandsia*

틸란드시아는 야생에서 자랄 때 특이하게도 다른 식물에 붙어서 산다. 가정에서는 유리구나 나무에서 흙 없이 재배한다.

## 이렇게 길러요

**위치**
습도가 높은 것을 좋아하는 공기 식물이기 때문에 밝은 주방이나 욕실이 좋다. 10℃ 미만으로 너무 춥게 하거나 외풍이 있는 곳에 두지 않는다. 물을 준 뒤에는 특히 조심한다.

**빛**
직사광선에 타거나 겨울에는 너무 추울 수 있으므로 햇볕이 잘 드는 창턱을 피한다.

**물 + 영양**
물 담은 양동이에 담갔다가 물기를 빼는 식으로 물을 준다(p.18-19 물주기 참조). 여름철이거나 난방을 하는 경우는 일주일에 한 번, 30분에서 최대 2시간 정도 물을 준다. 물은 증류수나 여과수 또는 빗물을 사용한다. 분무기로 식물 전체에 물을 뿌려줘도 된다. 물에 식물성 영양제를 1/4 정도 섞어서 한 달에 한 번씩 일 년 내내 준다.

**돌보기**
물을 뿌린 후 식물을 가볍게 흔들어 4시간가량 거꾸로 말리고 제자리에 놓는다.

**꽃이 안 핀다면?**
공기 식물이 꽃을 피울 만큼 충분히 자라기에는 몇 년이 걸릴 수 있다.

**이렇게 살려요** 아무것도 하지 말 것! 어떤 것은 꽃이 피기 전에 빨간색으로 변한다. 꽃이 피고 나면 밑에서 새잎이 생겨나고 오래된 잎은 죽게 된다.

**잎이 연한 갈색이 되거나 떨어져 나간다면?**
잎 사이에 물이 고이면 썩는다.

**이렇게 살려요** 살리기에는 너무 늦었다. 다음부
터는 물을 뿌리고 나서 가볍게 흔들었다가 거꾸로
들어 물기를 제거한다.

**잎이 구부러지거나 잎끝이 마른다면?**
물이 충분하지 않다.

**이렇게 살려요** 물을 더 자주 주고 분무기로 뿌려준다.

**잎이 떨어진다면?**

바깥 잎이 일부 떨어져 나가는 것은 정상이지만 많이 떨어진다면 식물의 환경에 문제가 있다는 신호다.

**이렇게 살려요** 바깥 잎을 조심스럽게 떼어낸다. 주변의 빛과 습도, 온도가 적당한지 확인한다.

# 134 제브리나

*Tradescantia zebrina*

제브리나는 관리가 쉽고 키우기가 까다롭지 않다. 무늬가 예뻐서 공중걸이 화분에 장식하면 멋스러워 보인다.

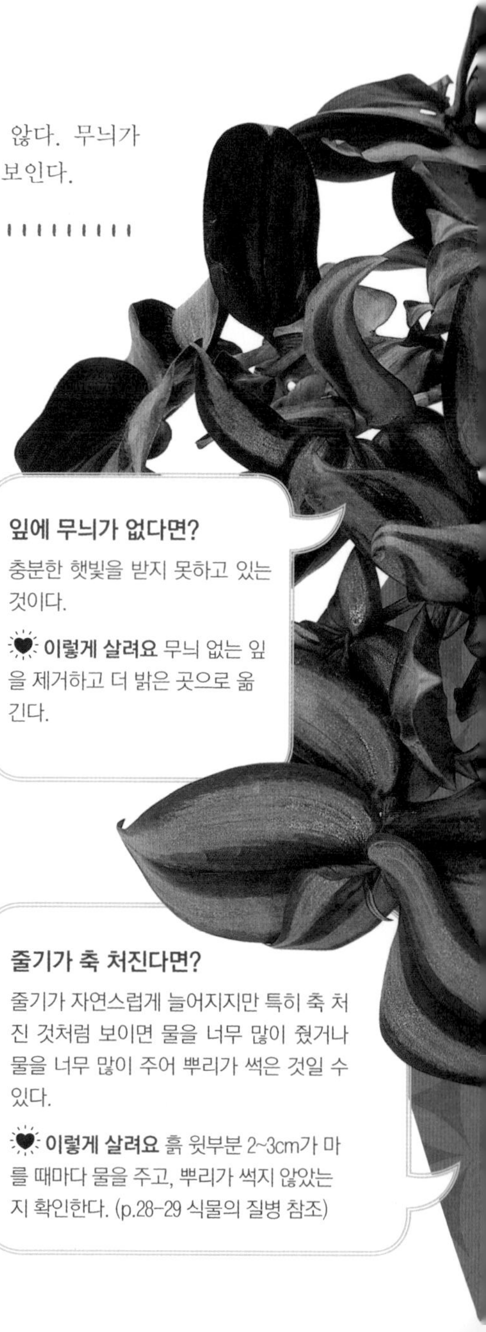

## 이렇게 길러요

**위치**
12~24℃의 실내에 둔다.

**빛**
밝은 간접 광을 받게 하고 이따금 직사광선을 쬐게 한다.

**물 + 영양**
흙의 윗부분 2~3cm가 마르면 물을 마음대로 주되, 물에 잠기지 않도록 한다. 영양제는 봄, 여름에 한 달에 한 번 준다.

**돌보기**
평범한 녹색을 띠는 줄기는 제거한다. 녹색 잎은 무늬 있는 잎보다 생존력은 강하지만 덜 매력적이기 때문이다.

| 해충 관리 (p.24–27 참조) | 잎에 진딧물과 응애가 생길 수 있다. |
|---|---|

**잎에 무늬가 없다면?**

충분한 햇빛을 받지 못하고 있는 것이다.

**이렇게 살려요** 무늬 없는 잎을 제거하고 더 밝은 곳으로 옮긴다.

**줄기가 축 처진다면?**

줄기가 자연스럽게 늘어지지만 특히 축 처진 것처럼 보이면 물을 너무 많이 줬거나 물을 너무 많이 주어 뿌리가 썩은 것일 수 있다.

**이렇게 살려요** 흙 윗부분 2~3cm가 마를 때마다 물을 주고, 뿌리가 썩지 않았는지 확인한다. (p.28–29 식물의 질병 참조)

## 함께 돌보면 좋아요

**콜레우스**
***Solenostemon***
붉은색이 멋진 콜레우스는 제브리나와 비슷하게 관리해준다. 잘 자라지만 오래돼 줄기가 가늘어지면 줄기꽂이로 갱신시켜준다.

### 잎끝에 갈색 반점이 생긴다면?

공기가 너무 건조하거나 식물에 물이 부족한 것이다.

**이렇게 살려요** 3~4일에 한 번 잎에 분무해주고, 물이 충분한지 확인한다.

### 줄기가 가늘게 자라거나 아래쪽 잎이 떨어진다면?

빛이 너무 적거나 물이 부족하거나 영양이 충분치 않기 때문이다. 오래된 식물에게서 나타나는 자연스러운 현상인데, 해가 계속될수록 가늘게 자라고 잎이 떨어진다.

**이렇게 살려요** 돌보는 방법을 점검한다. 키운 지 오래됐고 전성기가 지났다면 줄기를 바짝 자르고 새 흙을 담아 분갈이를 해서 신선한 환경을 만들어준다.

# 유카

## *Yucca elephantipes*



뾰족한 잎과 통나무 같은 줄기가 인상적인 이 관목은 실내에 두면 이국적인 느낌을 준다.

**해충 관리**
(p.24 - 27 참고)

잎에 깍지벌레와 가루깍지벌레가 생길 수 있다.

## 이렇게 길러요

**위치**

7~24℃가 적당하고 더 낮은 온도가 되지 않게 한다. 기르기가 까다롭지 않아서 온도 변화와 건조한 공기에도 잘 견딘다. 잎끝이 뾰족하므로 아이들 손이 닿지 않는 곳에 둔다.

**빛**

밝은 빛을 쬐게 한다. 직사광선도 괜찮다. 직사광선을 쬘 때는 차츰 적응하게 한다.

**물 + 영양**

봄부터 가을까지는 흙 윗부분 5cm 정도가 마를 때마다 적당히 물을 준다. 겨울에는 물을 좀 더 적게 준다. 영양제는 봄, 여름에 2개월마다 준다.

**돌보기**

이따금 젖은 천으로 잎의 먼지를 닦아주고 윤기 나게 한다.

### 잎이 휘어졌다면?

물이 부족하거나 지나치면 이렇게 되는 수가 있다. 또는 식물을 옮기거나 분갈이하는 등 환경 변화로 스트레스받아도 휘어질 수 있다.

**이렇게 살려요** 흙의 윗부분 5cm가 마르면 물을 주고, 겨울에는 적게 준다. 식물을 옮겨야 한다면, 적응할 수 있도록 일주일에 걸쳐 새 위치로 점차 옮긴다.

### 잎에 갈색이나 검은색 반점이 생겼다면?

박테리아나 곰팡이로 인한 잎 반점이다.

**이렇게 살려요** 영향받은 잎을 제거하고 살균제로 처리한다. (p.28-29 식물의 질병 참조)

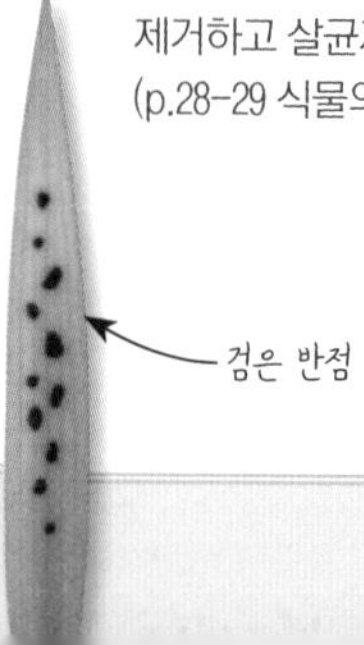

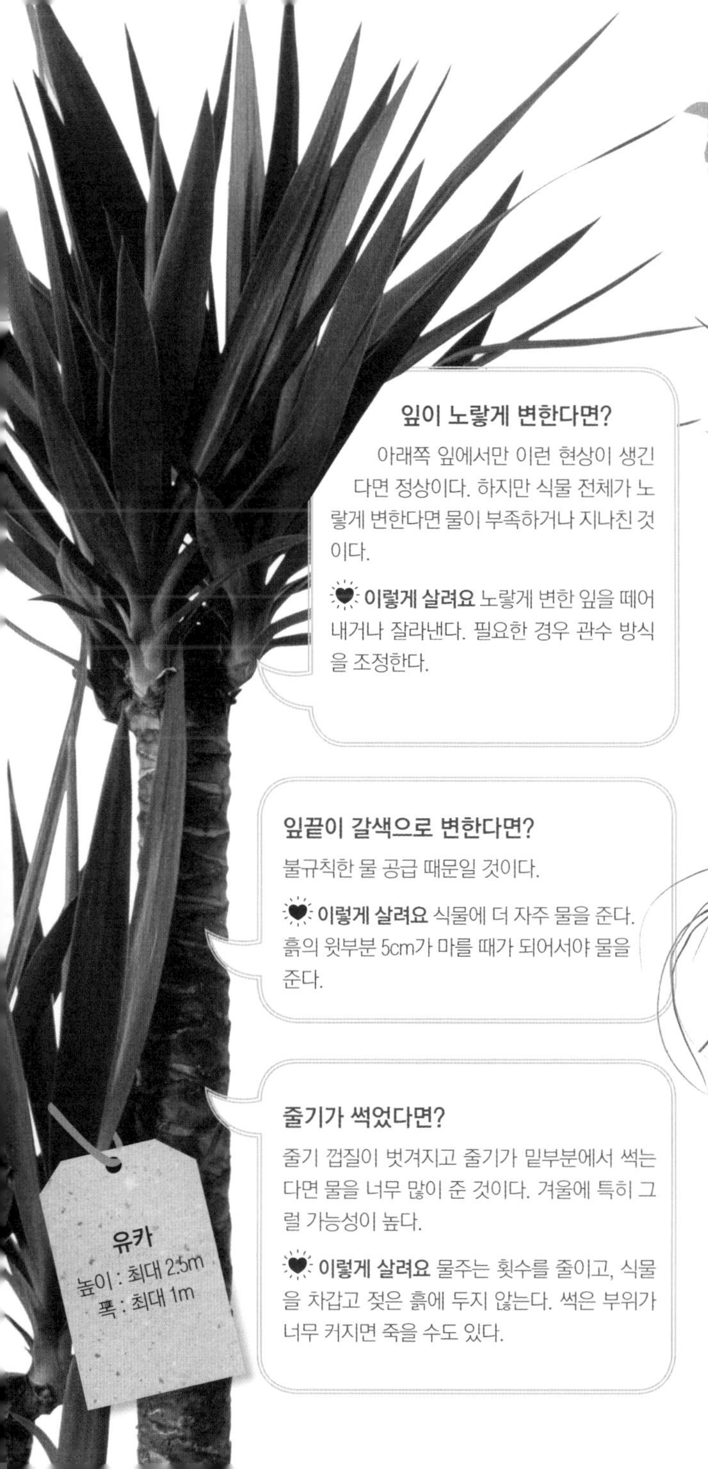


### 잎이 노랗게 변한다면?

아래쪽 잎에서만 이런 현상이 생긴다면 정상이다. 하지만 식물 전체가 노랗게 변한다면 물이 부족하거나 지나친 것이다.

**이렇게 살려요** 노랗게 변한 잎을 떼어내거나 잘라낸다. 필요한 경우 관수 방식을 조정한다.

### 잎끝이 갈색으로 변한다면?

불규칙한 물 공급 때문일 것이다.

**이렇게 살려요** 식물에 더 자주 물을 준다. 흙의 윗부분 5cm가 마를 때가 되어서야 물을 준다.

### 줄기가 썩었다면?

줄기 껍질이 벗겨지고 줄기가 밑부분에서 썩는다면 물을 너무 많이 준 것이다. 겨울에 특히 그럴 가능성이 높다.

**이렇게 살려요** 물주는 횟수를 줄이고, 식물을 차갑고 젖은 흙에 두지 않는다. 썩은 부위가 너무 커지면 죽을 수도 있다.

## 함께 돌보면 좋아요

**양배추 야자**
*Cordyline australis*
조형물처럼 멋진 양배추 야자는 유카처럼 돌본다. 여름에는 밖에 둬도 좋다.

**포니테일 팜**
*Beaucarnea recurvata*
포니테일 팜 역시 유카와 비슷하게 관리한다. 몸통에 물을 저장하므로 물을 너무 많이 주지 않도록 주의한다.

# 금전수

*Zamioculcas zamiifolia*

잎이 촘촘히 나 있는 모양이 눈길을 끈다. 기르기 까다롭지 않고 물이 부족해도 잘 견딘다.

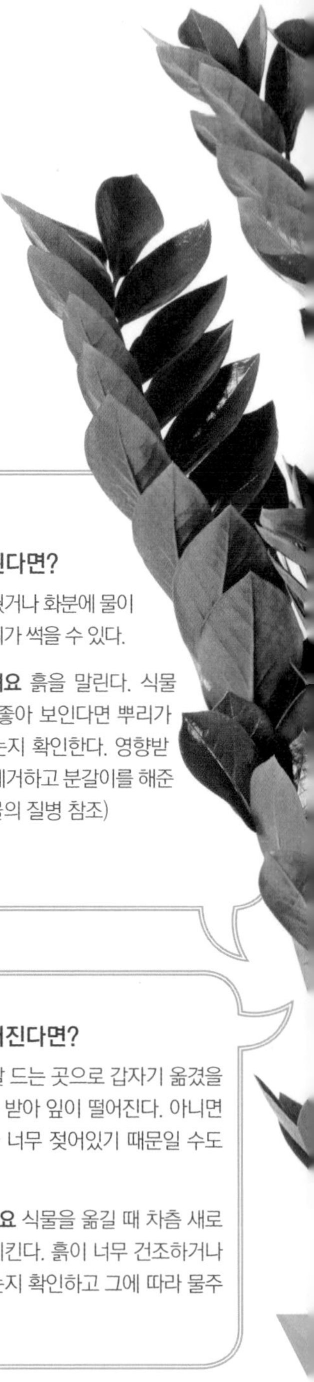

## 이렇게 길러요

### 위치

1년 내내 따뜻한 방(15~24℃)에 둔다. 건조한 공기에도 잘 견딘다.

### 빛

건강하게 기르려면 직사광선이 닿지 않는 밝은 곳에 둔다. 그러나 햇빛이 적어도 잘 견딜 수 있다.

### 물 + 영양

계절에 관계없이 흙의 윗부분 5cm 정도가 마를 때마다 흙이 촉촉해지도록 물을 뿌려준다. 흙이 늘 젖어있게 두지 않는다. 영양제는 봄부터 늦여름까지 한 달에 한 번 준다.

### 돌보기

젖은 천으로 잎을 닦아서 윤기 나게 하고 빛이 충분히 닿을 수 있도록 한다.

| **해충 관리** (p.24-27 참조) | 잎에 가루깍지벌레와 응애가 생길 수 있다. |
|---|---|

### 잎이 노랗게 된다면?

물을 너무 많이 줬거나 화분에 물이 가득 찬 경우 뿌리가 썩을 수 있다.

**이렇게 살려요** 흙을 말린다. 식물 상태가 아주 안 좋아 보인다면 뿌리가 썩은 흔적이 있는지 확인한다. 영향받은 부위를 모두 제거하고 분갈이를 해준다. (p.28-29 식물의 질병 참조)

### 잎이 많이 떨어진다면?

그늘에서 햇볕 잘 드는 곳으로 갑자기 옮겼을 경우 스트레스를 받아 잎이 떨어진다. 아니면 너무 건조하거나 너무 젖어있기 때문일 수도 있다.

**이렇게 살려요** 식물을 옮길 때 차츰 새로운 위치에 적응시킨다. 흙이 너무 건조하거나 너무 젖지 않았는지 확인하고 그에 따라 물주기를 조절한다.

## 잎에 갈색 얼룩이 생겼다면?

햇볕에 탔기 때문이다.

**이렇게 살려요** 직사광선을 피해 옮긴다.

## 함께 돌보면 좋아요

**멕시코 소철**
*Cycas revoluta*
중생대부터 지구상에 존재해온 식물로, 금전수와 같은 방식으로 관리해준다.

**파키라**
*Pachira aquatica*
줄기가 꼬인 모습이 멋진 파키라 역시 금전수와 비슷한 관리가 요구된다.

# 실내 분재

*Various*

어린나무를 다 자란 나무처럼 보이도록 작은 화분에 심어서 가꾼 것이다. 다양한 나무들로 분재를 할 수 있는데, 여기에 소개하는 느릅나무가 그중 하나다.

## 이렇게 길러요

### 위치

식물이 자라는 시기에는 온도를 15-21℃로 유지하고, 겨울에는 서늘한 곳으로 옮긴다(최소 10℃). 외풍 있는 곳이나 난방기 근처에 두지 않는다.

### 빛

밝은 빛에 두되 여름 직사광선을 피한다.

### 물 + 영양

화분이 얕아 흙이 빨리 마르는 편이다. 흙을 촉촉하게 유지하되 젖어있지 않게 한다. 빗물을 사용하는 것이 가장 좋다. 봄부터 가을까지 한 달에 한 번 분재용 영양제를 준다.

### 돌보기

화분에 분재용 배양토를 채우고, 물을 줄 때는 조약돌을 채운 물 트레이에 세우고 나뭇잎에 분무한다. 뿌리가 화분에 가득차면 봄에 분갈이한다. 여름에는 밖에 둔다.

### 나무가 가늘고 잎이 창백해진다면?

겨울에 충분한 빛을 받지 못하면 이렇게 된다.

**이렇게 살려요** 더 밝은 곳으로 옮긴다. 전문적으로 재배하는 사람들은 겨울에 조명을 사용해 빛을 보게 한다.

### 잎이 바삭해진다면?

건조하고 바삭바삭한 잎은 물이 부족하다는 증거다.

**이렇게 살려요** 물주기 방식을 점검한다.

| | |
|---|---|
| **해충 관리** (p.24-27 참조) | 깍지벌레, 가루깍지벌레, 흰가루병, 진딧물, 덩굴 바구미, 응애가 꼬일 수 있다. |

## 잎이 노랗게 변한다면?

낙엽성 분재의 잎은 가을에 떨어지기 전에 노랗게 변한다. 가을이 아닌 다른 계절이거나 또는 상록수 분재일 경우 잎이 노랗게 변하는 것은 물 부족이나 물 과다 공급, 잘못된 영양과 온도, 빛 때문일 수 있다. 분갈이하고 난 후에도 이런 증상이 나타날 수 있다.

**이렇게 살려요** 흙이 흥건히 젖지 않고 적당히 촉촉하게 유지되는지, 뿌리가 썩지 않았는지 확인하고(p.28-29 식물의 질병 참조), 올바른 관리를 하고 있는지 확인한다.

## 나무에 잎이 적다면?

낙엽성 분재는 가을에 잎이 떨어진다. 일부 잎 손실은 봄에도 발생할 수 있다. 다른 계절이거나 상록수 분재일 경우 잎 손실은 분갈이 같은 관리 조건의 변화나 잘못된 관리 때문이다.

**이렇게 살려요** 나무의 위치가 적절하고 정확한 관리를 하고 있는지 확인한다.

## 잎이 파삭거리거나 잎끝이 검은색 또는 갈색을 띤다면?

건조하고 바삭바삭한 잎은 물이 부족하다는 신호다. 잎끝이 어두운색으로 변하는 것은 물이 너무 많거나 추워서 발생한다.

**이렇게 살려요** 나무를 더 따뜻한 곳으로 옮기고 물주는 방법을 바꿔 본다.

## 나무가 삐죽하게 자라거나 모양이 산만하게 자란다면?

분재는 가지치기와 가지고르기를 통해 크기와 모양을 관리해야 한다.

**이렇게 살려요** 분갈이할 때마다 뿌리의 1/3을 제거한다. 나무가 자라는 계절에는 나뭇가지 끝을 비틀거나 잘라내고 나뭇가지에 돋는 새잎을 정리해 한두 개만 남도록 한다. 분재 와이어를 사용해 가지가 뻗어나가지 않도록 고정시킨다.

# 찾아보기

지은이

**베로니카 피어리스**

원예 작가이자 편집자. 영국의 온 · 오프라인 원예 잡지 〈가드너스 월드〉를 비롯해서 〈잉글리시 가든〉, 〈가든 디자인 저널〉 등 다양한 원예 잡지와 라이프 스타일 잡지에 글을 쓰고 있다. DK 출판사에서 원예 컨설턴트로 활동하면서 이 책을 구성하고 집필했다.

옮긴이

**신혜규**

한의학을 공부하면서 영한 번역가로 활동하고 있다. 라이프 스타일 관련 도서에 관심이 많아 〈특별한 날을 위한 25가지 꽃장식, 종이꽃 만들기〉, 〈홈메이드 천연화장품 만들기〉, 〈땅콩버터와 컵케이크〉 등을 번역했다.

감수자

**서정남**

고려대에서 화훼원예학을 전공하고 농학박사 학위를 받았다. 농촌진흥청 산하 국립원예특작과학원 화훼과 연구사로 근무하고 있다. 지은 책으로는 〈원예와 함께하는 생활〉, 〈실내식물〉, 〈분화 및 화단식물〉, 〈교실에서 만나는 자연〉 등이 있다.



For further information see:
www.dkimages.com

실내식물 중에는 사람과 애완동물에게 독성을 띠는 것이 있다. 섭취하거나 피부나 눈에 닿으면 위험할 수 있다. 독성이 있는 식물에 대한 정보는 다음에서 확인할 수 있다.

www.rhs.org.uk
www.aspca.org